新 紅葉 ハンドブック

林 将之 著

川岸のやぶに生えていたヤマハゼの幼木。筆者が見てきた紅葉の中で、一番きれいな個体だと思った。三重県伊賀市（標高100m）11月上

赤色の葉一覧表（1/2）

代表的な紅葉の色を掲載しました（一部割愛したものもあります）。一覧表の配列は、おおむね不分裂葉→分裂葉→複葉、切れこみなし→あり、鋸歯あり→なしの順に並んでいます。

ユキヤナギ
P.69

ドウダンツツジ
P.130

コガク
ウツギ
P.120

アキニレ
P.60

ウスノキ
P.137

ニシキギ
P.42

サラサドウダン
P.131

カマツカ
P.70

ザイフリボク
P.70

アカシデ
P.54

ヒメシャラ
P.127

コバノガマズミ
P.149

オトコヨウゾメ
P.149

ツリバナ
P.42

ケヤキ P.61

ヒメウツギ
P.121

タカネザクラ
P.74

ミヤマ
ガマズミ
P.149

レンギョウ類
P.141

イヌザクラ
P.75

オオキツネ
ヤナギ P.48

マルバウツギ
P.121

キブシ P.113

ヤマ
ナラシ
P.47

マルバ
マンサク
P.33

アズキナシ
P.71

ガマズミ P.148

ソメイヨシノ
P.72

オオヤマザクラ
P.74

コナラ P.50

オオカメノキ
P.150

2

縮小率は約20〜30%

赤色の葉一覧表（2/2）

縮小率は約15〜30%

橙色の葉一覧表（1/1）

縮小率は約15〜30%

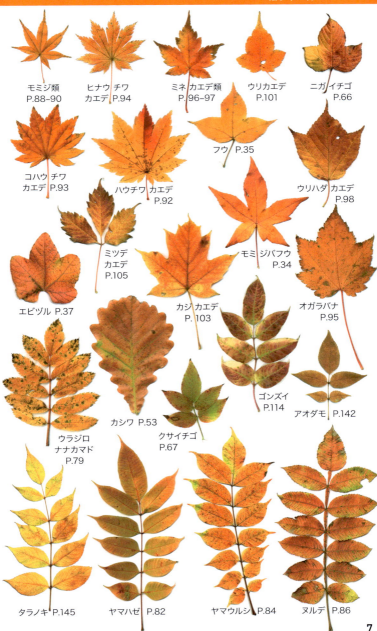

黄色の葉一覧表（1/2）

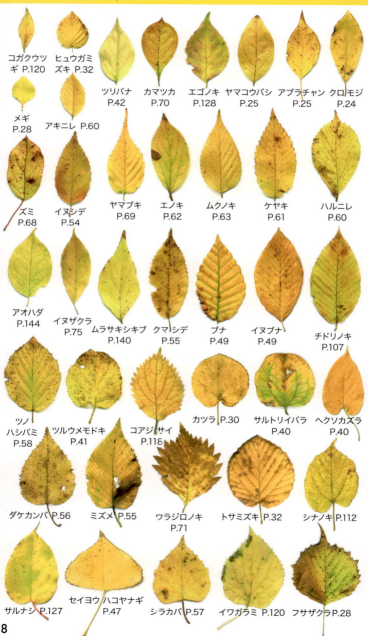

縮小率は約20〜30%

黄色の葉一覧表 (2/2)

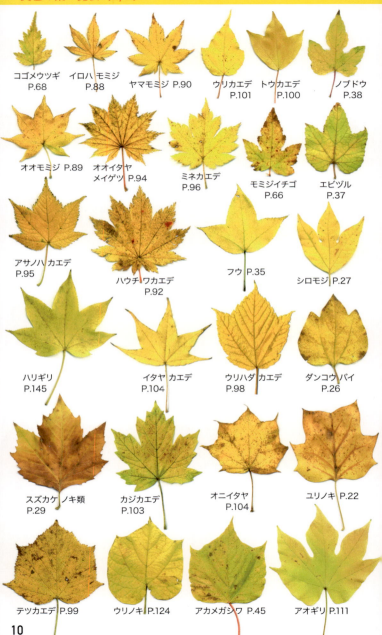

10

縮小率は約15〜30%

本書の見方

紅葉色マーク
標準的な成木が紅葉する色を、筆者の観察経験で、赤・橙・黄・褐色の4色各3段階（大丸・小丸・なし）で表した。他種とのちがいを表すため、なるべく色の差を強調した。

例）● ● ○
ふつう橙〜黄色、時に（部分的に）赤。褐色化しやすい。

● ●
ふつう赤、時に（部分的に）橙。黄色や褐色化はほとんど目立たない。

きれい・地味マーク
筆者の主観で、紅葉が特にきれいで鑑賞・観察にお勧めできる木を「きれい」、紅葉が地味で目立たないことが多い木を「地味」とマークで記した。無印はその中間。

科名・属名・種名
掲載した樹木の科名と属名を橙字で、種名を黒字で表記。掲載順はAPGIVの分類体系に原則従った。

生態写真
紅葉を中心に、目立つ果実の写真も掲載し、撮影地名とその標高（カッコ内）、撮影月（上旬・中旬・下旬）を表記。

葉スキャン画像
紅葉した葉をスキャナーで直接スキャンした画像を掲載。縮小率を橙字で%表記。

類似種
よく似た仲間を紹介。

樹木の基本情報
漢字表記、種レベルの学名（植物和名―学名インデックスYListを主に参照）、高木・小高木・低木・つる性樹木の形態区別、成木の標準的な樹高（m）、葉のつき方（互生・対生・束生）、主な別名を記した。

解説文
紅葉の特徴を中心に解説。分は分布域（北＝北海道・本＝本州・四＝四国・九＝九州・沖＝沖縄）や原産地、自生環境と植栽（植えられる）場所を表記。数は自生または植栽の個体数の多さを3段階で表記。★★★は多い。★★は点在または地域によっては多い。★は少ない。似は類似種を解説。

用語解説

分類階級
種子植物の分類は、上から順に目、科、属、種の階級が主に使われ、種の下には亜種、変種、品種がある。ほかに園芸品種（栽培品種）も作られている。

樹高や樹齢による区分
花をよくつける成熟した個体を成木、幼くて小さな個体を幼木、その中間を若木という。高木はふつう成木の樹高が10m以上に達するもの。小高木は3–10m、低木は0.5–3m、小低木は0.5m以下を目安とした。

鋸歯 ふちのギザギザ。

葉脈／側脈／主脈

単葉（不分裂葉）

裂片

単葉（分裂葉）

小葉／頂小葉／側小葉／葉軸／葉柄

羽状複葉

互生 葉が交互に1枚ずつつくこと。

対生 葉が2枚ずつ対につくこと。

束生 葉が束になってつくこと。

三出複葉

掌状複葉

紅葉のしくみ

　紅葉とは、落葉に先立って葉が色づくことである。狭い意味では、赤い色素ができて赤や橙色になることを紅葉（紅葉色マーク=●●）、赤い色素はできず、黄色くなることを黄葉（黄葉。紅葉色マーク=●）と呼ぶ。また、褐色（茶色）の色素ができて葉が褐色になることを褐葉と呼び、本書では葉が樹上にあるうちから褐色化しやすいものに●の紅葉色マークをつけた。しかし現実には、これらの中間や変異も多く、3語を厳密に使い分けるのは困難な場合も少なくない。

紅葉の色の変化（イメージ）

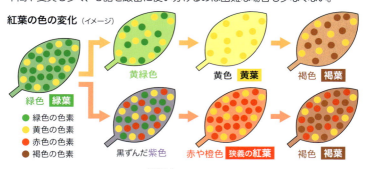

　樹木の葉は、クロロフィル（葉緑素）という緑色の色素と、カロテノイドという黄色の色素をもっており、クロロフィルの量がずっと多いので、ふだんは緑色に見える。秋が深まると、葉緑体を分解して窒素などの養分を幹や根に回収するため、クロロフィルが分解される。するとカロテノイドが残り、葉が黄色く見える（または黄色の色素が生成される）。これが黄葉である。一部の樹木（P.59 紅葉しない木）をのぞき、落葉樹の大半は多少なりとも黄葉すると思ってよい。

　一方、光合成で生じた糖類などから、アントシアニンという赤色の色素ができることがある。これが狭義の紅葉である。通常、クロロフィルが完全に分解される前にアントシアニンができ始めるため、赤と緑が重なり紫色っぽく見える時期がある。アントシアニンには、光合成機能が低下した葉に日光が悪影響を及ぼすのを防ぐ役割があると考えられ、日なたの葉ほど赤くなる現象が見られる。

　褐葉は、フロバフェンなどのタンニン系の物質ができて、葉が褐色化すると考えられている。コナラやブナのように、最初に黄葉した後に褐葉する例が多く、その過程で橙色に見えることも多い。ケヤキやナツツバキのように、赤く紅葉した後に褐葉するものもある。樹木の葉は通常、落葉後にはいずれ褐色化するので、広い意味では、大半の樹木は遅かれ早かれ褐葉するといえるだろう。

　どの樹種が何色に紅葉するかはおおむね決まっているが、生育環境や気象条件、樹齢による変化も多い。また、紅葉のしくみや目的は正確に解明されていない部分も多く、諸説がある。実際には、緑・黄・赤・褐色の色素がさまざまな割合で葉に含まれ、時間とともに変化するので、多種多様な色が見られる。

紅葉の条件・時期・代表種

美しい紅葉に重要な条件は、温度、光、水分の主に3つ。一般に最低気温が8℃以下になると紅葉が始まり、5〜6℃になると一気に進むといわれる。夜によく冷えこむと、葉緑素の分解が進み、赤色の色素が生成されやすくなり、昼によく晴れると、さらに赤色の色素の生成が進む。乾燥すると葉が傷むので、適度な雨量や湿度も必要だ。これらの条件を満たす高山や渓谷の紅葉は鮮やかで、逆に都市部は乾燥気味で夜も気温が高く、色づきが悪い。台風による傷や、夏の天候も紅葉に影響する。紅葉の時期は、9月中旬に北海道・大雪山や日本アルプスなどの高山から始まり、徐々に山地、低地へと南下するが、近年の温暖化で遅れつつある（気象庁の統計では最近70年で約21日遅れている）。以下に気候帯ごとの紅葉の特徴を紹介しよう。

カエデの紅葉日の等期日線図
(1991-2020年 平年値)

10.20
10.31
11.10
11.10
11.20
11.20
11.30
12.10
11.30
12.10

気象庁資料
生物季節観測の
情報より作成

高山の紅葉 （高山帯、亜高山帯、亜寒帯） 長野県木曽駒ヶ岳（標高2700m）10月上

　高山植物のお花畑（P.138）や、ダケカンバ、ウラジロナナカマド、ハイマツなどの低木林が広がり、常緑針葉樹も多い森林限界周辺の地域。気温差が大きくて紫外線が強いため、紅葉は非常に鮮やかで、ササや針葉樹の緑色が交じって美しい。樹種は単調で、代表種は赤系がウラジロナナマカド、ナナカマド、タカネザクラ、オガラバナ、小低木のチングルマ、クロウスゴ、クロマメノキなど、黄系はダケカンバ、ミネカエデなど。北海道では標高500m級の山々から、本州では日本アルプスや奥羽山脈など標高2000m級の山岳地帯に見られ、西日本ではほとんど見られない。例年の見頃は9月後半〜10月前半。

山地の紅葉（山地帯、冷温帯）　新潟県魚津市のブナ林（標高900m）11月上

　ブナ、ミズナラを中心とした落葉広葉樹林（夏緑樹林）が広がる地域。紅葉する樹種が豊富で美しく、名所も多い。代表種は赤系がカエデ類（ハウチワカエデ、コハウチワカエデ、オオモミジ、ウリハダカエデ、コミネカエデなど）、ヤマウルシ、ツタウルシ、ナナカマド、オオヤマザクラ、サラサドウダン、オオカメノキ、ヤマブドウなど、黄系は個体数の多いブナ、ミズナラ、カラマツ（植林が多い）をはじめ、カツラ、トチノキ、イタヤカエデ、クマシデ、シラカバ、ウワミズザクラ、クロモジなど。北日本の低地から西日本の1000m級の山地まで、雪がよく降る寒い地方に見られる。例年の見頃は10月中旬〜11月前半。

低地の紅葉（低地帯、暖温帯）　山口県岩国市のシイ林とモミジ類の植栽（標高50m）11月中

　シイ、カシ類などの常緑広葉樹を中心とした照葉樹林が広がる地域。実際にはコナラなどの落葉樹が交じる林も多い。冷えこみが弱く、紅葉が鮮やかな木は限られるが、常緑樹の緑色との対比が美しい。代表種は赤系がイロハモミジ、ハゼノキ、ケヤキ、ヤマザクラ、ニシキギ、ガマズミ、ツタなど、黄系はクヌギ、コナラ、エノキ、アカメガシワ、イヌビワなど。仙台以南の低地に広く見られ、東京や大阪も含まれる。紅葉が鮮やかな木もよく植えられ、赤系はモミジ類、ドウダンツツジ、トウカエデ、ハナミズキ、モミジバフウ、黄系はイチョウが目立つ。例年の見頃は近年特に遅れて11月後半〜12月前半。

イチョウ科 イチョウ属
イチョウ きれい

銀杏、公孫樹　*Ginkgo biloba*
高木/高10–30m/束–互生

言わずと知れた黄葉の名木で、最も黄葉が美しい木といえるだろう。鮮やかですんだ黄色に染まり、当たり外れも少ない。気象庁が発表する「いちょうの黄葉日」では、東京で見頃を迎えるのは平年11月下旬で、イロハモミジの紅葉日にくらべて1週間前後早い。街路樹ではとがった三角樹形が多いが、神社などの古い木はやや横に広がる。雌株では、黄葉が始まる頃から黄色い実（銀杏）が熟して落ち、異臭を放つが食用に拾う人も集まる。分 中国原産。街路、公園、社寺。数 ★★★

三重県四日市駅前 植栽（5m）11月上

こぶ状の短い枝（短枝）に葉と実が束になってつく。広島県 植栽（200m）11月中

葉は扇形で、切れこみのない葉とある葉がある

▼ふちは波状

黄葉し始めは基部に緑色が残る▶

60%

40%
落ち葉
（裏）

▶根元から生えた枝など、勢いのよい枝（徒長枝）では、深い切れこみが複数入る葉もある

16

マツ科 カラマツ属
カラマツ 🟡🟢 きれい

唐松、落葉松　*Larix kaempferi*
高木/高10-30m/束-互生　別名ラクヨウショウ

日本産針葉樹で唯一の落葉樹で、北日本に多く植林されている。秋には一斉に黄色く染まってよく目立つ。寒地で黄葉した三角樹形の木の群生を見かけたら、まずカラマツと思ってよい。紅葉期は比較的遅く、最初は黄色で、次第に黄土〜淡い橙色へと色がこくなり、独特の渋い美しさがある。落葉後は、細い葉が木の下に降り積もる。分 本来の自生地は関東北部〜中部地方。寒地で植林や防風林にされ、陽地に野生化。特に北海道、長野、岩手、群馬県の周辺に多い。数★★★

山梨県忍野村 植栽（950m）11月上

◀実（球果）は長さ2-4cmの松笠状で、秋に熟して枝によく残る

広島県 植栽（200m）12月中

こぶ状の短い枝（短枝）に数十本の葉が束になってつく

100%

紅葉が進んだ葉は脱落しやすく、手に取るとポロポロ落ちる

ヒノキ科 メタセコイア属
メタセコイア きれい

Metasequoia glyptostroboides
高木/高15〜40m/対生　別名アケボノスギ

針葉樹では数少ない落葉樹で、鳥の羽のようなやわらかい葉が特徴。整った三角樹形の大木になる。秋は最初、黄緑〜淡い黄色になり、次第に淡い橙色をおび、さらにはレンガ色〜赤褐色と色こくなる。この特有の美しい色は、ロドキサンチン（カロテノイドの一種）と呼ばれる赤系の色素が生じるためとされ、よく似たラクウショウ（右頁）や、冬に葉が赤茶色になるスギなども同じ色素によるものといわれる。秋は松笠状の実（球果）も熟す。分 中国原産。公園、街路、並木。数 ★★

山口市維新百年記念公園 植栽（50m）12月上

褐葉の序盤は色がうすく、黄色みが強い。山口県 植栽（50m）11月中

褐葉の終盤はかなりこい茶色。神奈川県 植栽（10m）12月上

球果はだ円形。ばらけずに落ちる▼

葉も枝も対生することがラクウショウとのちがい

70%

▶紅葉終盤の褐葉した葉

ヒノキ科 ラクウショウ属
ラクウショウ 🟠🟢🟢

落羽松 *Taxodium distichum*
高木/高10-30m/互生 別名ヌマスギ

メタセコイア（左頁）に似るが、葉が黄色くなる期間が短く、すぐに橙〜褐色になり、よりこい茶色になる。幹の周辺に膝根（気根）が出る。分 北米原産。公園、池辺。数 ★

◀褐葉し始めの葉

70%

細長い葉が互生し、羽状に並ぶ。メタセコイアより葉はやや短く、枝はやや長い

▲実（球果）は球形で熟すとばらける（東京 12月）

樹形は円柱状。東京都 植栽 (5m) 12月上

針葉樹の紅葉　　　　　　　　　　紅葉コラム 1

針葉樹のうち、落葉樹はカラマツ、メタセコイア、ラクウショウ、スイショウぐらいで、これらはよく紅葉（黄葉〜褐葉）する。マツやヒノキ、スギなどの常緑針葉樹は、紅葉しないと思われがちだが、主に秋に、枝の基部の古い葉が黄色くなる様子が見られる。ただ、赤色に紅葉する針葉樹は見かけない。また、冬にスギやコニファー類の日なたの葉が、赤みをおびて茶色っぽくなる様子もよく見られるが、これは夏に緑色に戻るので、紅葉とは異なる現象だ（P.116）。

クロマツ 🟡🟢　古い葉が黄葉し茶色くなる（島根 12月）

ヒノキ 🟡🟤　鱗状の葉が秋に黄葉し茶色くなる（三重 11月）

冬に赤茶色になったコノテガシワの園芸品種（茨城 1月）

19

モクレン科 モクレン属

コブシ 🟡

辛夷 *Magnolia kobus*
高木/高7–20m/互生

紅葉は黄色で美しいが、褐色化して色がくすみやすい。握りこぶしのような果実が初秋に熟して裂ける。分 北–九。低地–山地、湿地。東日本に多い。街路、公園、庭。数★★

東京都八王子市 (150m) 11月上

33%

葉先に近い方で幅が広くなる▶

▲褐色化し始めた落ち葉

50%

表面は細かいしわ状の葉脈が目立つ

▲葉先は突き出る

果実 (山口 10月)

モクレン科 モクレン属

ハクモクレン 🟡

白木蓮 *Magnolia denudata*
高木／高5–15m／互生

日当たりがよい葉ほど、こい黄色に紅葉してかなり鮮やか。紅葉し始めは、緑色が抜け切らないことも多く、紅葉後は次第に褐色に染まり色こくなる。分 中国原産。庭、公園。数★★

東京都 植栽 (10m) 12月上

葉先は明瞭▶に突き出る

葉先に近い方で葉の幅が広い▶

50%

☆花が白いのでこの名がある。よく似たシモクレンは花が紫色の低木で、紅葉は黄色。両種の雑種サラサモクレンもよく植えられる

モクレン科 モクレン属
タムシバ 🟡

嚙柴　*Magnolia salicifolia*　互生
低木-高木/高2-15m 別名ニオイコブシ

紅葉は黄色で、次第に褐色に染まる。コブシ（左頁）に似るが葉が細く、枝をかむとミントのような香りがある。北日本のブナ林では低木状。分 本-九。山地の林。時に庭。数 ★

岐阜県白川村（1400m）10月中

モクレン科 モクレン属
ホオノキ 🟡🟤 地味

朴の木　*Magnolia obovata*
高木/高10-30m/束-互生

日本最大級の葉が枝先に集まってつく。紅葉は黄色からすぐに褐色化し、緑・黄・褐色が交じりやすい。落ち葉は朴葉焼きなどに利用。分 本-九。主に山地の林。公園、庭。数 ★★

広島県三段峡（800m）10月下

◀黄葉し始めの葉

褐色化し始めた葉

50%

◀▼モクレン科は葉のふちに鋸歯がない（全縁）

◀葉は長さ30-40cmで巨大。これは小型の葉

40%

◀落ち葉は裏が白い。葉の上は落ちた果実

21

モクレン科 ユリノキ属
ユリノキ 🟡🟢 きれい

百合の木 *Liriodendron tulipifera*
高木／高10–30m／互生

Tシャツのような葉の形が独特で、大木になる。紅葉は鮮やかな黄色で鮮やかだが、次第に褐色化し色こくなる。落ち葉は橙色に見える。分 北米原産。街路、公園。数 ★

宇都宮市 植栽（100m）12月上

ロウバイ科 ロウバイ属
ロウバイ 🟡 きれい

蝋梅 *Chimonanthus praecox*
低木／高2–5m／対生

紅葉は鮮やかなこい黄色で、葉も比較的大きいので庭先でよく目立つ。黄葉と同時に、黄色い花や果実も見られることも多いのは珍しい特徴。分 中国原産。庭、公園。数 ★★

千葉県 植栽（10m）12月下

50%

20%

◀葉先がくぼむか直線状になる形が特徴

◀切れこみの数が1対多い葉もある

◀花（ソシンロウバイ）。狭義のロウバイは花の中心が赤紫色

表面はよくざらつく▶

80%

果実は長さ3–4cm

22

クスノキ科 ハマビワ属
アオモジ 🟡 きれい

青文字　*Litsea cubeba*
小高木／高3–7m／互生　別名タイワンクロモジ

南日本から熱帯アジアに分布する暖地性の木だが、切り花用や庭木として栽培されたものが野生化し、近年分布を北に広げている。葉はクロモジ（P.24）を長くした印象で、秋はすんだ黄色に紅葉して美しい。明るい場所に生える先駆性樹木で、自生地では常緑樹林の伐採跡地などを黄色く彩ってよく目立つ。早春にクリーム色の花が咲く。雌株は初秋に果実が赤〜黒色に色づく。分 本来の自生地は主に九州–奄美。関東〜中国地方、四国に野生化。低地の明るい林。まれに庭、公園。数 ★

長崎県天草市 天草下島（100m）12月下

名古屋市 植栽（5m）12月上

▶葉先が長くのびてとがる

枝葉をちぎるとレモンのような芳香がある

70%

◀黄葉し始めの葉

◀丸い花芽が目立つ。枝は緑色

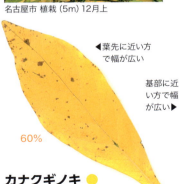

◀葉先に近い方で幅が広い

基部に近い方で幅が広い▶

60%

カナクギノキ 🟡

金釘の木　*L. erythrocarpa*　同科クロモジ属の高木。枝は褐色で、ヘラ形の葉が枝先に集まる。紅葉は黄色で鮮やか。中部地方–九州に分布。数 ★

クスノキ科 クロモジ属
クロモジ 🟡 きれい

黒文字　*Lindera umbellata*
低木/高1–5m/束–互生

秋田県鹿角市（700m）10月中。
背後の茶色い葉はブナ

山地の林によく生える低木で、黄葉がきれいな木の代表種。すんだ黄色が鮮やかで、林内が明るくなる印象がある。緑色の枝に黒い汚れ模様が入ることが名の由来で、枝葉を傷つけると爽やかな芳香がある。雌株には果実がつき、秋に黒く熟す。北日本の日本海側に分布する個体は葉が大型化し、変種オオバクロモジとも呼ばれる。分 北–九。山地–低地の林内。時に庭、公園。数 ★★ 似 葉に毛が多い別種のケクロモジ（毛がやや少ないものは変種ウスゲクロモジ）が関東–九州の山地に分布。

クロモジの果実
山梨県清里
（1600m）
10月下▶

100%

枝は緑〜赤色で、先に葉が集まってつく

花芽は丸くて柄がある

葉脈がくぼんで目立つ

50%

▶さわると毛がありふわふわ

ケクロモジ 🟡
毛黒文字　同科同属。
西日本に生え、葉はクロモジよりやや大きく、両面に毛が多い

◀▲両種とも枝葉をちぎるとよい香りがする

▲表面は毛がなくすべすべ

クスノキ科 クロモジ属
アブラチャン
油瀝青 *Lindera praecox*
低木/高2–5m/互生

クロモジ（左頁）に似るが、葉が枝先に集まらず、枝は褐色。紅葉は黄色で鮮やかだが、クロモジにくらべると褐色化しやすい。細い幹を多数出す。分 本–九。山地の谷沿い。数 ★★

山口県長門峡（300m）11月中

雌株には黄緑色の果実がなる（長野 10月）

100%

ちぎるとツンとした香りがある

◀葉柄は赤みをおびる

クスノキ科 クロモジ属
ヤマコウバシ
山香ばし *Lindera glauca*
低木/高2–7m/互生

紅葉は黄色が基本だが、しばしば橙色、時にくすんだ赤色をおびる。次第に褐色化し、枯れ葉は落ちずに枝に残りやすい。秋には黒い果実も熟す。分 本–九。低地–山地。数 ★

東京都三鷹市（60m）11月下

冬も枝に残った枯れ葉▶（山口 12月）

100%

葉はややかたく、ちぎると香りがある

◀枝は褐色。葉柄は短い

クスノキ科 クロモジ属
ダンコウバイ きれい

檀香梅　*Lindera obtusiloba*
低木／高2-5m／互生

山梨県大月市 滝子山（1000m）10月下

先割れスプーンのような、丸みのある3裂した葉がトレードマーク。秋は鮮やかな黄色に色づき、美しい。すんだ色で葉も大きめなので、ハイキング中も目につきやすい。このように浅く3つに切れこむ葉はほかになく、シルエットでかんたんに見分けられる。よく似たシロモジ（右頁）は、切れこみがもっと深く、葉先がよくとがる。クロモジ属は雄株と雌株があり（雌雄異株）、雌株は秋に赤紫〜黒色に熟す実をつける。分 関東-九。主に山地の林や谷沿い。時に庭、公園。数 ★★

広島県廿日市市（900m）11月上

70%

◀切れこみは浅く、裂片の先は丸みがある

70%
◀切れこみのないハート形の葉も交じる

果実と、例外的に橙色をおびた紅葉。山梨県 植栽（1300m）9月上

26

クスノキ科 クロモジ属
シロモジ ●●● きれい

白文字　*Lindera triloba*
低木/高2-5m/互生

三重県菰野町 御在所岳（900m）10月下

愛媛県石鎚山（1100m）10月中

3つに切れこむ整った葉の形が印象的で、よく似たダンコウバイ（左頁）にくらべ、葉先がとがることがちがい。紅葉はふつう鮮やかな黄色一色で美しい。まれにうすく赤みをおび、橙色になる個体もあり、華やかさが増す。雌株には黄緑色の果実がつき、秋に熟す。分 中部地方-九。山地の林。ない地域にはまったくないが、ある地域では個体数が多い。まれに庭。数 ★ 似 葉の形は暖地に生える常緑樹のカクレミノ（P.116）に似るが、本種は寒地に生え、落葉樹なので葉がうすい。

☆時に切れこみのない葉も交じる

70%

◀裂片の先はとがる

切れこみのつけ根がポケット状に丸くなる

70%

果実は秋に熟して裂け、茶色い種子が現れる。岐阜県（800m）10月下

27

メギ科 メギ属
メギ 🟠🟠🟠🟡

目木　*Berberis thunbergii*　束–互生
低木／高 0.5–2m　別名コトリトマラズ

葉も木も小型で、秋はこい赤色や橙〜黄色に紅葉する。庭木にされる園芸品種では、かなり鮮やかに紅葉するものもある。分 本–九。山地–低地の林や原野。庭、生垣。数 ★

100%

枝に稜（溝）がありトゲがつく

☆夏も黄色い葉や赤い葉（アカバメギ）をつける園芸品種もあり、アカバメギの紅葉は赤色がこい

秋に長さ約1cmの果実が熟すが食べられない（広島 11月）

千葉県南房総市（100m）12月下　　松江市 植栽（50m）11月中

フサザクラ科 フサザクラ属
フサザクラ 🟡🟤 [地味]

房桜　*Euptelea polyandra*
小高木／高 4–12m／互生

渓流におおいかぶさるように群生することが多い。紅葉は黄緑〜淡い黄色で、すぐに茶色くなるので、黄と茶が交じって見える。分 本–九。山地の谷沿いや崩落地。数 ★★

葉はほぼ円形で、あらい鋸歯がある

葉先が突き出る▼

60%

褐葉した葉 ▶

神奈川県丹沢山地（600m）11月中

スズカケノキ科 スズカケノキ属
スズカケノキ類 🟡🟤

鈴懸の木 *Platanus* spp.
高木 / 高 10–30m / 互生　別名プラタナス

大型の葉で存在感がある。紅葉は黄色ですぐ褐色化しやすく、緑・黄・茶が交じる。まだら模様の幹や径3–4㎝の丸い実も特徴。**分**北米・西アジア原産。街路、公園。雑種のモミジバスズカケノキが多い。**数**★★

石川県 植栽 (200m) 11月上

アワブキ科 アワブキ属
アワブキ 🟡🟤

泡吹 *Meliosma myriantha*
小高木 / 高 5–12m / 互生

葉はホオノキ（P.21）に似て大きく、長さ20㎝前後。紅葉は黄色で、すぐ褐色化し始めて次第に色こくなる。**分**本–九。山地の林内や谷沿い。**数**★

広島県三段峡 (800m) 10月下

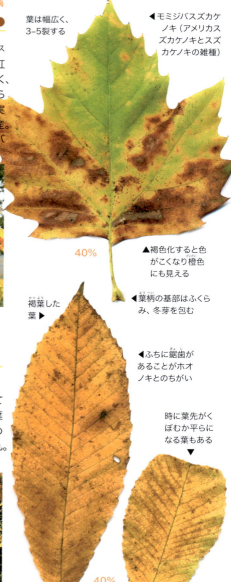

葉は幅広く、3–5裂する

◀モミジバスズカケノキ（アメリカスズカケノキとスズカケノキの雑種）

40%

▲褐色化すると色がこくなり橙色にも見える

褐葉した葉▶

◀葉柄の基部はふくらみ、冬芽を包む

◀ふちに鋸歯があることがホオノキとのちがい

時に葉先がくぼむか平らになる葉もある▼

40%

29

カツラ科 カツラ属
カツラ きれい

桂 *Cercidiphyllum japonicum*
高木 / 高 10–30m / 対生

丸くてかわいい葉と、美しい黄葉で人気が高い木。紅葉はすんだ黄色で、三角樹形になるのでイチョウに似た雰囲気もある。若木や徒長枝では、まれに紅葉が赤みをおびることもある。紅葉期は早めで、落葉もカエデ類などより早い。落葉直後の乾いた葉は、カラメルのような甘い香りを放つため、「お香の木」などの地方名があり、香りで本種の存在に気づくこともある。老木は根元から多数の幹を出し、株立ち樹形の大木になる。分 北–九。冷涼な山地の谷沿い。公園、街路、庭。数 ★★

東京都多摩市 植栽（100m）11月中

奈良県 植栽（250m）10月中

鋸歯は丸みがありとがらない▶

70%

60%

▲赤橙色に紅葉した若木の葉。枝先の葉はハート形になることが多い

◀落ち葉（裏面）。新鮮な落ち葉は甘い香りがする

珍しくやや赤みをおびた葉。
岐阜県 植栽（500m）10月下

ズイナ科 ズイナ属
コバノズイナ 🟠🟠🟡 きれい

小葉の瑞菜　*Itea virginica*
低木/高1−2m/互生　別名ヒメリョウブ

紅葉が美しいことで知られる花木。しばしば深紅と緑色のまだら模様になったり、赤〜ピンク〜クリーム色の葉が入り交じる。
分 米国原産。庭。数 ★

神奈川県　植栽（150m）12月中

マンサク科 マルバノキ属
マルバノキ 🟠🟡🟡 きれい

丸葉の木　*Disanthus cercidifolius*
小高木/高3−8m/互生　別名ベニマンサク

ハート形の葉がはじめ紫、次第に鮮やかな赤〜ピンク、橙などに紅葉し、カラフルで美しい。紅葉と花、実も同時に見られる希有な木で人気。分 中部−中国地方・高知。岩がちな山地の林。時に庭。数 ★

神戸市　植栽（450m）10月中

▼紅葉し始めは赤い斑点が目立つことも多い

90%

▲葉は平凡なだ円形で、ふちに細かい鋸歯が並ぶ

50%

◀葉は無毛で鋸歯もない

☆葉がよく似たハナズオウ（マメ科）はあまり紅葉しない

▲花は径1.5cm。赤く細い5弁がある。広島県おおの自然観察の森（450m）11月上

31

マンサク科 トサミズキ属
トサミズキ 🟠🟡 きれい

土佐水木　*Corylopsis spicata*
低木 / 高 2–5m / 互生

東京都三鷹市 井の頭公園 植栽（50m）12月上

細い幹を多数出す株立ち樹形が特徴。紅葉は鮮やかな黄色が基本で、次第に褐色をおびて色がこくなる。枝葉が面状に広がるので、人の頭上で丸い葉の紅葉が間近に見られる。まれに橙〜赤色をおびる個体もある。果実も秋に茶色く熟してぶら下がる。
分 高知県の岩山にまれ。庭、公園。
数 ★ 似 中部地方−九州の渓谷には、よく似たコウヤミズキが自生し、葉柄や葉裏に毛がほとんどないことがちがいで、まれに植えられる。ヒュウガミズキ（下）は葉が小型。紅葉はいずれもよく似ている。

◀このように葉緑素が側脈の間に残ることもある

▲赤みをおびた
　トサミズキの
　小型の葉

80%

▶褐色化し始め
　たトサミズキ。
　葉は径6–11cm

ヒュウガミズキの生垣。
東京都千代田区 植栽（20m）12月二

▶ヒュウガミズキの
　葉は径3–5cmで
　明らかに小型

80%

ヒュウガミズキ 🟡🟡

日向水木　*Corylopsis pauciflora*　同科同属。トサミズキより木も丈も小型で樹高1m程度。紅葉は黄色で、まれに橙色をおびる。北陸−九。岩山にまれ。公園、庭、生垣。数★★

マンサク科 マンサク属
マンサク ●●●

満作　*Hamamelis japonica*
小高木/高2-7m/互生

山梨県北杜市 瑞牆山（1400m）10月中

葉はひし形状で、やや左右非対称のゆがんだ形が特徴。紅葉は基本的に黄色で、次第に褐色化して色こくなる。日当たりのいい環境では、まれに橙〜赤色に色づく個体や、全体が赤くなる個体もあり、特に日本海側に分布する変種マルバマンサクに多い印象がある。マルバマンサクの紅葉した葉が乾燥すると、桜もちのようなクマリンの香りがすることがある。分 北-九。山地の林や岩場。時に庭、公園。数★ 似 植えられる個体は、中国原産のシナマンサクやその雑種が多い。

マルバマンサク。石川県白山（1600m）10月中

◀変種マルバマンサク。葉先が丸い

60%

▼狭義のマンサクは葉先がとがる

60%

▲鋸歯は波形

シナマンサク ●●●

支那満作　*Hamamelis mollis*　同科同属。
マンサクより紅葉はこく鮮やかな傾向があり、枯れ葉は冬も枝に残ることが多い。鋸歯は目立たず、葉裏に毛が密生することがちがい。数★

33

モミジバフウ

フウ科 フウ属

紅葉葉楓　*Liquidambar styraciflua*
高木/高7–25m/束–互生　別名アメリカフウ

暖地でも鮮やかに紅葉するので、都市部や西日本の街路樹として人気がある。紅葉は赤～橙色が中心で、しばしばさまざまな色の葉が交じる。紅葉し始めは赤紫色で、日当たりが悪い下部の葉は黄色く、緑色の葉も残りやすいので、木全体が見事なグラデーションになることもある。まれに黄色一色になる個体もある。枝にコルク質の翼がつくことも多い。ピンポン球ぐらいの実（集合果）がぶら下がる。分北中米原産。街路、公園。数★★ 似モミジ類（P.88–90）と似るが、本種の葉は大型で互生する。

兵庫県三田市 三田谷公園 植栽（200m）12月上

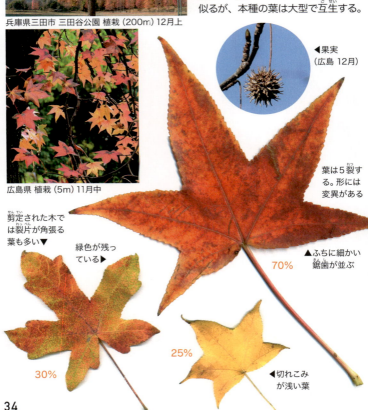

広島県 植栽（5m）11月中

◀果実（広島 12月）

葉は5裂する。形には変異がある

剪定された木では裂片が角張る葉も多い▼

緑色が残っている▶

▲ふちに細かい鋸歯が並ぶ

70%

30%

25%

◀切れこみが浅い葉

34

フウ科 フウ属
フウ 🔴🟠🟡 きれい

楓　*Liquidambar formosana*
高木 / 高 7–25m / 束–互生　別名タイワンフウ

台湾や中国中南部が原産の暖地性の木で、日本でも主に西日本で植えられている。紅葉は、黄色一色の個体もあれば、部分的に橙色をおびる個体、かなり赤くなる個体（左写真）まで変異があり、いずれも鮮やかで美しい。モミジバフウ（左頁）の葉が5裂するのに対し、本種は3裂することがちがい。秋～冬には、モミジバフウより少し小さな丸い実（集合果）がぶら下がる。分 台湾・中国原産。公園、街路。数 ★ 似 トウカエデ（P.100）の葉にも似るが、本種は互生で鋸歯が必ずある。

静岡県掛川駅前 植栽（30m）11月下

例外的に年をまたいだ紅葉と果実。
広島市 植栽（10m）1月上

▶赤みの強い葉。紅葉した葉は甘い香りを放つこともある

▼まだ葉緑素が残る部分は紫色に見える

70%

ふちに細かい鋸歯が並ぶ▼

70%

托葉が残る葉も多い▼

▲このくらいの色の紅葉が多い▶

35

ブドウ科 ブドウ属
ヤマブドウ ●●● きれい

山葡萄　*Vitis coignetiae*
つる性樹木／高3-15m／互生

北海道旭川市（250m）9月下

北日本の紅葉を代表する植物の一つ。秋の山では、ほかの木々より早く色づき、葉もブドウ科最大なのでよく目立つ。紅葉は深紅〜ピンク〜橙色で鮮やか。茎から巻きひげを出して巻きつき、高い木によじ登ることが多い。果実も秋に黒く熟し、甘ずっぱくて食べられるので、クマやサル、野鳥などにも人気。分北・本・四。冷涼な山地の明るい林。数★★ 似よく似たエビヅル（右頁）は、葉の直径が半分程度で小さい。栽培されるブドウ（セイヨウブドウ）は、葉が深く切れこむものが多い。

愛媛県石鎚山
（1500m）10月下

▶果実は径1cm弱でまさに山のブドウ。紅葉と同じ頃に熟す（広島 9月）

葉は径20cm前後で浅く3-5裂する

▼裏面は褐色の毛がクモの巣のように密生する

150%

70%

36

ブドウ科 ブドウ属
エビヅル ●●●
蝦蔓　*Vitis ficifolia*
つる性樹木／高1–15m／互生

紅葉はくすんだ橙〜黄色が多いが、条件がよいと鮮やかな赤色になる。都市部にもよく生え、秋に熟す果実は俗に「山ぶどう」とも呼ばれ食べられる。
分 北−沖。低地−山地。数 ★

神奈川県秦野市（150m）12月中

50%

◀葉は中ほどまで3つに切れこみ、裂片の先は丸いかとがる

33%

◀黄葉する葉も多い。ヤマブドウと同様、葉の裏面にクモの巣状の毛が密生する

ブドウ科 ブドウ属
サンカクヅル ●●● きれい
三角蔓　*Vitis flexuosa*
つる性樹木／互生　別名ギョウジャノミズ

三角形状の葉が名の由来。紅葉は橙〜赤色で日なたほど鮮やか。果実は食べられる。分 北−九。山地の陽地。数 ★ 似 よく似たアマヅル（西日本の暖地に分布。側脈が少ない）も赤系の紅葉。

山梨県都留市（900m）11月中

◀サンカクヅルの小型の葉（若い枝のため赤色が特に鮮やか）。葉裏の毛は少ない

70%

葉は裂けないか、ごく浅く3つに裂ける。落葉時は葉柄が取れる▶

70%

37

ブドウ科 ノブドウ属
ノブドウ 🟡 地味

野葡萄 *Ampelopsis glandulosa*
つる性樹木〜多年草 / 高 1–7m / 互生

身近な野山に生える食べられないブドウ。紅葉は緑色が抜けにくく、淡い黄〜黄緑色で目立たないが、同時に熟す果実は鮮やか。**分** 北−沖。低地−山地のやぶなど。**数** ★★★

▶切れこみの深い葉

巻きひげで他の植物にからんで登る

果実は紫・青・白などカラフルだが食べられない（広島 11月）

山口県田布施町 (50m) 11月下

▲葉はふつう浅く3つに裂ける。毛はほとんどない

ブドウ科 ツタ属
ヘンリーヅタ 🔴🔴🟡 きれい

Henry蔦 *Parthenocissus henryana*
つる性樹木 / 高 1–5m / 互生

ツタの仲間で、赤紫色から深紅〜こいピンク色に染まる紅葉が非常に美しく、園芸利用が近年増えた。吸盤のある巻きひげで他物に着く。**分** 中国原産。庭、壁面緑化。**数** ★

葉脈に沿って白っぽい斑が入ることが多い▶

山口県 植栽 (10m) 11月下

5枚セットの掌状複葉。落葉時は、ばらけて落ちる

☆よく似た北米原産のアメリカヅタも掌状複葉だが、葉脈の斑が入らず、鋸歯がよりあらい

ブドウ科 ツタ属
ツタ 🟠●● きれい

蔦　*Parthenocissus tricuspidata*
つる性樹木／高1-15m／互-束生　別名ナツヅタ

木に登った個体。神奈川県秦野市（150m）11月中

童謡「まっかな秋」でも歌われるように、赤～深紅色に紅葉する。吸盤のある巻きひげを出し、木の幹や建物の壁、塀などの一面をおおうことも多い。紅葉し始めは紫色をおび、日陰は橙～黄色なので、しばしば緑～紫～赤～橙～黄の見事なグラデーションになる。葉の形に変異があり、幼い枝では切れこみのない葉や、完全に3つに分裂した葉も現れ、後者はツタウルシ（P.85）の葉に似る。秋は黒紫色の果実も熟すが食べられない。分 北～九。低地の林や岩場。庭、壁面緑化。数 ★★

塀をはうつるの小型の葉。
山口県 植栽（50m）11月下

◀ 細いつる（長枝）の葉は、小型で裂けないことが多い

60%

ブドウ科の植物は、落葉時に葉柄がはずれるものが多い▶

▼地をはう幼いつるの三出複葉。紅葉し始めは、赤い斑点模様が入りやすい

60%

60%

▲花や実をつける太いつる（短枝）の葉は、大型で浅く3つに裂け、葉柄が長い

39

紅葉コラム 2

つる植物の紅葉 ♥️ 🌰

紅葉がきれいなつる植物のトップ3は、ツタ（P.39）、ツタウルシ（P.85）、ヤマブドウ（P.36）だろう。常緑のつるで、赤く紅葉するテイカカズラやサネカズラ（ともにP.117）もある。ここでは、誌面で紹介しきれなかった身近なつる植物を紹介しよう。

サルトリイバラ 🟡🟠 サルトリイバラ科のつる性樹木。丸い葉は西日本で柏餅に利用。紅葉は黄色で茶色くなりやすい（山口 11月）

ヘクソカズラ 🟡🟠 アカネ科のつる性多年草。葉をもむと臭い。紅葉はこく鮮やかな黄色で、時にやや橙色をおびる（奈良 11月）

ミツバアケビ 🟡🟠🔴 アケビ科のつる性樹木。紅葉は黄色、時に赤みをおびるが茶色くなりやすい。アケビも地味な黄色（神奈川 12月）

ヤマノイモ 🟡 ヤマノイモ科のつる性多年草。葉は長いハート形で鮮やかに黄葉する。むかごもつき、芋は自然薯と呼ばれる（山口 11月）

カエデドコロ 🟡 ヤマノイモ科のつる性多年草。葉は5-7裂した特徴的な形で、淡い黄色に紅葉する（山口 11月）

センニンソウ 🔴🟣 キンポウゲ科のつる性樹木。紅葉は赤系だが、緑色が抜けず紫色の葉が多い。紅葉しないことも多い（山口 12月）

ノウゼンカズラ 🟠🟡🟣 ノウゼンカズラ科のつる性樹木。中国原産。紅葉は橙系だが、緑色が抜けず紫色の葉が目立つ（三重 11月）

40

ニシキギ科 ツルウメモドキ属
ツルウメモドキ 🟡
蔓梅擬 *Celastrus orbiculatus*
つる性樹木／高2–15m／互生

紅葉は鮮やかな黄〜やや淡い黄色。雌株は秋に果実も熟す。つるで他の木に登る。分北–九。低地–山地。時に庭。数★★

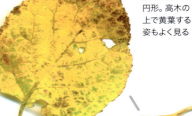

葉は円形〜だ円形。高木の上で黄葉する姿もよく見る

60%

長野県乗鞍高原（1600m）10月中

果実（八ヶ岳 10月）

▲条件がよいと鮮やかに黄葉する

ニシキギ科 ニシキギ属
マユミ 🟠🟠🟡
真弓、檀 *Euonymus sieboldianus*
小高木／高3–10m／対生

紅葉は明るい橙〜サーモンピンク〜暗い赤色で、そこそこきれい。紅葉期は果実も熟し4つに割れる。早々と落葉し、果実だけぶら下がった木もよく見る。分北–九。低地–山地の明るい林。時に庭木。数★★

神奈川県秦野市（150m）12月上

40%

◀葉裏の葉緑素が抜けず、この色の葉もよく見る

70%

◀葉は長いだ円形。しばしば葉脈に沿って緑色や黄色が残り、特有の模様ができる

ニシキギ科 ニシキギ属
ニシキギ

錦木　*Euonymus alatus*
低木/高1–4m/対生

神奈川県秦野市 植栽（200m）12月上

鮮やかな紅葉を「錦」にたとえたことが名の由来で、世界三大紅葉樹（P.153）にも数えられる。日なたでは見事に赤く紅葉して美しい。日当たりがよくないとピンク色、日陰ではクリーム色になりやすく、緑色も交じってしばしばグラデーションになる。枝に板状の突起物（翼）がつくことが特徴で、植えられるものは翼が特に大きな個体が多い。だが、野生の個体では翼がほとんどないものが多く、品種コマユミとも呼ばれる。分 北–九。低地–山地の林や岩場。公園、庭、生垣。数 ★★

◀日なたでは鮮やかな赤色
（翼が目立たない枝）

70%

東京都 植栽（30m）12月上

翼が目立つ枝▶

70%

▼紅葉し始めの色がこい葉

▶半日陰だとピンク色

▶日陰の部分はクリーム色

◀ツリバナの葉はニシキギよりやや広く、つけ根側が幅広い形

ツリバナ

吊り花　*E. oxyphyllus*　同科同属。林内で淡い黄色に紅葉する木が多いが、日当たりがよいと淡いピンク〜赤色になり美しい。北–九の山地–低地。時に庭。数 ★★

70%

トウダイグサ科 シラキ属
シラキ 🔴🟠🟡 きれい

白木　*Neoshirakia japonica*
小高木 / 高 3–10m / 互生

神奈川県山北町 丹沢山地（1200m）10月下

一般には知名度が低い木だが、紅葉の美しさはトップクラスで、近年は庭木としての人気も増している。まっ赤に紅葉する個体もあれば、橙〜黄色や、黄一色に紅葉する個体もある。葉はカキノキと似た姿大きさで、紅葉期は林の中でもよく目立つ。暖地でも色づきがよく、比較的早く紅葉する。名は幹が白いため。トウダイグサ科は、本種も含め葉や茎を傷つけると白い乳液が出る草木が多く、紅葉が鮮やかなものが多い（有毒植物も多い）。分 本−沖。山地の林や渓谷沿い。時に庭。数 ★

高知県寒風山（1100m）10月中

▶ しばしば葉脈に沿って模様ができる。滋賀県比叡山（600m）10月下

60%

60%

◀ふちは波打つことが多いが、鋸歯はない

カキノキと異なり、葉柄は細く長く無毛▶

トウダイグサ科 ナンキンハゼ属

ナンキンハゼ ●●●

南京櫨　*Triadica sebifera*
小高木／高 4–15m／互生

神奈川県秦野市 鶴巻温泉駅前 植栽 (20m) 11月下

暖かい西日本でもきれいに紅葉する木。条件がよいと、紫色を経て鮮やかな赤色に色づき、橙〜黄色の葉も入り交じることも多いので、しばしば木全体が緑〜紫〜赤〜橙〜黄の美しいグラデーションになる。紅葉期には果実も熟す。ロウ質を含む白い種子から、ウルシ科のハゼノキ同様にロウを採ったことが名の由来。この高カロリーの果実を鳥が好むのでタネが運ばれ、近年は西日本で野生化する個体が増えている。分 中国原産。関東以西の街路や公園。原野や河原に野生化。数 ★

亜熱帯の沖縄でも鮮やかに紅葉する数少ない木。沖縄県 植栽 (5m) 1月中

葉は独特の横に広いひし形〜三角形状で、見分けやすい

◀紅葉し始めの葉。1枚の葉でも日当たりで半分色がちがうことも多い

70%

▼葉のつけ根にイボ状の蜜腺が1対ある

200%

◀果実は苔色く熟して裂け、白い種子が露出し、冬も残る（神奈川 11月）

70%

44

トウダイグサ科 アカメガシワ属
アカメガシワ 🟡 きれい

赤芽柏　*Mallotus japonicus*
小高木 / 高3–12m / 互生　別名ゴサイバ

明るい空き地などに最初に生えるパイオニアトゥリー（先駆性樹木）で、都市部の道ばたから林道沿いのやぶまで広く見られる。紅葉は鮮やかな黄色で、大きな葉に日が当たり目立つ。暖地の黄葉の代表種で、西日本の低地の林で目につく紅葉といえば、赤はハゼノキ（P.83）、黄色はアカメガシワが筆頭だろう。枝をななめ上に広げ、逆三角形の樹形になる。分 本–沖。低地–山地の明るい場所。数 ★★★ 似 西日本に見られる同科のアブラギリやオオアブラギリも黄葉し、葉の裂け目が深い。

山口県柳井市（100m）12月上。赤色はハゼノキ

神奈川県秦野市（150m）11月下

150%
▲若木では葉の基部に1対の蜜腺がある

▼成木の葉。裂け目はなく、ひし形～三角形状。ふちに鋸歯はない

33%
▶若木の葉。浅く3裂する葉も多い

◀ふちは時に波形～ギザギザ

50%
◀葉柄は赤く長い

春の新芽は赤い毛をかぶるが、紅葉は赤くない（山口 4月）

45

ヤナギ科 イイギリ属
イイギリ 🟡

飯桐　*Idesia polycarpa*　互-束生
高木/高7-20m　別名ナンテンギリ

車輪状に枝を出す樹形が特徴。紅葉は淡い黄色で、条件がよいと雌株につく果実と相まってきれいだが、緑色が抜け切らないことも多い。分 本-沖。低地-山地。公園。数 ★★

千葉県 植栽 (5m) 11月中

ヤナギ科 ヤマナラシ属
ドロノキ 🔴🔴🟡

泥の木　*Populus suaveolens*　互-束生
高木/高7-30m　別名ドロヤナギ

北国に生え、幹が直立した樹形でヤマナラシ（右頁）に似る。紅葉は黄色。晩夏に早々と落葉したり一斉に黄葉しないことも多い。分 北-中部地方。冷涼な山地の川沿いや陽地。数 ★

北海道上川町 (600m) 9月下

◀ 葉は三角～ハート形で、ふちは鋸歯がある。一部が黒くなることも多い

50%

◀ 蜜腺が複数ある

葉柄は赤く長い▶

▶緑色が残った葉

30%

葉は広いだ円形で、基部が少しハート形になる▼

▲若木の葉はやや細い

☆裏は白っぽく、細かいあみ目模様が見える

60%

ヤナギ科 ヤマナラシ属
セイヨウハコヤナギ 🟡 きれい

西洋箱柳　*Populus nigra* var. *italica*
高木/高7–30m/束–互生　別名イタリアポプラ

ポプラ類の代表種。紅葉は鮮やかな黄一色で、独特の細長い樹形で、特に並木道は印象的。分 ヨーロッパ原産。主に東日本の公園。数 ★

神奈川県 植栽（150m）11月下

ヤナギ科 ヤマナラシ属
ヤマナラシ 🔴🔴🟡

山鳴らし　*Populus tremula*　互–束生
高木/高7–20m　別名ハコヤナギ

北日本や高原に見られる木で、幹は直立し三角樹形になる。紅葉は黄色が基本だが、若木などで鮮やかな橙〜赤色になることがある。分 北–九。冷涼な山地–低地の陽地。数 ★

宮城県石巻市（20m）10月下

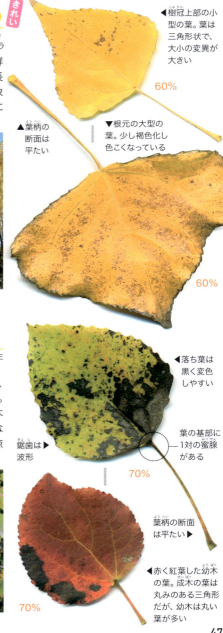

◀樹冠上部の小型の葉。葉は三角形状で、大小の変異が大きい

60%

▲葉柄の断面は平たい

▼根元の大型の葉。少し褐色化し色こくなっている

60%

◀落ち葉は黒く変色しやすい

葉の基部に1対の蜜腺がある

鋸歯は▶波形

70%

葉柄の断面は平たい▶

◀赤く紅葉した幼木の葉。成木の葉は丸みのある三角形だが、幼木は丸い葉が多い

70%

47

ヤナギ類

ヤナギ科 ヤナギ属

柳　*Salix* spp.
低木–高木／高1–20m／互生

河原や湖畔、湿地などによく群生し、日本に20種あまりが見られる。葉は細長いものが多く、紅葉は黄色が中心だが、緑色が抜けにくいもの、一斉に色づかないもの、紅葉しないものも多く、華やかな印象はない。中国原産のシダレヤナギも、秋遅くまで緑色の葉が残ることが多い（左写真）。寒地など条件がよいと、木全体が黄葉するヤナギもある。例外的にキツネヤナギ類（下）やミヤマヤナギ（P.139）の若い木は、時に赤く紅葉する。分 北–九。低地–山地の水辺や明るい場所。時に植栽。数 ★★

シダレヤナギ。東京都 皇居 植栽（5m）12月上

オノエヤナギ（長野 10月）

イヌコリヤナギ（山口 12月）

オオキツネヤナギ（石川 10月）

60%

▲カワヤナギ
▶タチヤナギ
◀シダレヤナギ
◀オノエヤナギ
◀ヤマヤナギ。西日本の山地の乾いた場所に多い

60%

ブナ科 ブナ属
ブナ 🟡🟤

樸、椈、山毛欅　*Fagus crenata*
高木/高10〜30m/互生　別名シロブナ

岐阜県 白山白川郷ホワイトロード (1400m) 10月中

寒地の自然林を代表する木。扇形に枝を広げた大木になり、幹はなめらかで、地衣類やコケがつき特有のまだら模様になる。紅葉は黄色で、次第に褐色をおびて茶色っぽくなる。太陽に透かして逆光で見ると、黄〜橙色に見え美しいが、鮮やかな色は長続きせず、紅葉の後半は樹上の葉もすべて枯れ葉のような褐色になる。このように、葉が樹上にある時から褐色化が早く進む紅葉を特に「褐葉」と呼び、ブナ科の木は多くが黄葉した後に褐葉する。分 北〜九。冷涼な山地にブナ林をつくる。数 ★★

新潟県魚沼市 (800m) 11月上

▼褐色化し始めたブナの葉

ふちは波形▶

80%

☆両種とも葉のふちが波形になることが大きな特徴。ブナの葉裏はほぼ無毛

80%

◀イヌブナの方が側脈が多い

▶ふちの波形はブナにくらべ目立たない

イヌブナ 🟡🟤

犬樸　*F. japonica*　別名クロブナ
同科同属。ブナよりやや低標高に分布。ブナより幹が黒っぽく、葉裏の脈沿いに白い長毛がある。紅葉はブナよりやや明るい黄色の印象があり、次第に褐色化する。本〜九。数 ★

49

ブナ科 ナラ属
コナラ ●●●●

小楢　Quercus serrata
高木/高7–25m/互–束生　別名ナラ、ハハソ

身近な雑木林に最も多く見られる木で、かつては薪や炭として多く利用された。葉は先の方が広くなる形で、枝先に集まってつく。紅葉ははじめ黄色で、次第に褐色化して色がこくなり（褐葉）、特に逆光では橙色にも見える（左写真）。若木などでは橙～赤色に色づく葉もあり、特に幼木では鮮やかな赤色になることも多い。秋には果実（どんぐり）も熟す。
分 北–九。低地–山地の林。公園。
数 ★★★ 似 よく似たナラガシワは、葉が2倍程度大きく、鋸歯はにぶく、紅葉はコナラ同様で、西日本に分布。

山梨県忍野村（900m）11月中

樹上で茶色くなり始める葉が多い。
宇都宮市（150m）12月上

▶褐葉し始めた葉

◀ふちにあらい鋭いギザギザ（鋸歯）がある

70%

◀葉柄は長さ1cm前後

60%

◀▲赤く紅葉した幼木。ナラ類の幼木はよく赤くなる（P.77）

70%

◀橙色をおび、一部に葉緑素もまだ残っている葉

50

ミズナラ ●●●●

水楢　Quercus crispula
高木/高1–30m/互–束生　別名ナラ、オオナラ

雪が積もる地域の林を構成する代表種で、コナラ（左頁）より高標高に分布する。葉はコナラより大きく、鋸歯もあらく、葉柄がほとんどなく、樹皮がはがれることが区別点。紅葉はコナラと同様で、最初は黄色く黄葉し、樹上で次第に褐色化して色がこくなり褐葉する。若い個体はしばしば赤～橙色に色づく（左下写真、P.77）。多雪地に生える変種ミヤマナラ（下）でも、赤系の紅葉が見られる。秋にはコナラより大きな果実（どんぐり）がなる。分 北–九。冷涼な山地の林。公園。数 ★★★

山梨県大月市 滝子山（1300m）10月下

赤褐色に紅葉した若木。
宮城県蔵王（1400m）10月中

◀鋸歯は特に大きい

ミヤマナラの樹形（新潟 11月）

60%

葉柄は▶
ごく短い

ミヤマナラ ●●●●

深山楢　ミズナラの変種で、日本海側の多雪地の山地に群生。樹高1–3mの低木。葉はミズナラより細く小型で、橙～赤色に紅葉する傾向が強い。数 ★

60%

51

ブナ科 ナラ属
クヌギ 🟡⚫

椚、櫟、橡　*Quercus acutissima*
高木/高7–25m/互生　別名ツルバミ

山口県田布施町（20m）12月上

身近な雑木林でコナラに交じってよく見られる木。シイタケ栽培のほだ木や、薪、炭として優れるため、昔から里山でよく植えられる。葉は細長くてあらいギザギザが目立つ。秋はこい黄色に紅葉し、遠くからも本種とわかるほどの鮮やかさがあるが、褐色化するのも早い（褐葉）。若木では枯れ葉が冬も枝に残ることがある。秋には丸くて大きなどんぐりも熟す。分 本－九。低地の林、里山。植林、公園。数★★ 似 西日本ではよく似たアベマキ（下）の方が個体数が多く、クヌギとよく混同される。

山口県柳井市（50m）12月上

☆アベマキは葉裏に白い毛が密生する

葉の形はやや変異がある

樹上で褐色化する葉が多い▼

◀鋸歯はクリよりあらい傾向がある

30%
60%

アベマキ 🟡⚫
阿部槙　*Q. variabilis*　別名コルククヌギ
同科同属。クヌギ同様に黄葉する。クヌギより葉裏が白く、特に落ち葉で顕著。葉が広い個体が多い。中部地方－九。数★★

ブナ科 ナラ属
カシワ ●●●●

柏、槲 *Quercus dentata*
高木/高5–20m/互–束生

紅葉は黄色が基本で、褐色化する過程で鮮やかな橙色に見えることもある。若木は赤みをおびやすい。枯れ葉は冬も枝に残ることが多い。分 北–九。山地や海岸。庭。数 ★

島根県三瓶山 (700m) 10月下

ブナ科 クリ属
クリ ●●

栗 *Castanea crenata*
高木/高5–25m/互生

紅葉は淡い黄色で、緑色が完全に抜けなかったり、茶色くくすんだりする葉が多く、目立たない。果実は紅葉より早い9–10月に熟す。分 北–九。低地–山地の林、里山。畑。数 ★★

山口県下関市 (50m) 12月下

☆クリの葉はクヌギ (左頁) にそっくり。葉裏がクヌギより白い

50%

◀ふちは波形

35%

◀葉柄はごく短い

50%

◀茶色い斑点ができることも多い

53

カバノキ科 シデ属
アカシデ ●●● きれい

赤四手、赤紙垂　*Carpinus laxiflora*
高木/高7-20m/互生　別名ソロ

神奈川県秦野市（150m）11月下

黄葉ばかりのカバノキ科の中で唯一といってよい、赤く紅葉する木。若葉、花、果実も赤みをおびる傾向が強く、赤い色素を多くもっていることがわかる。葉が小型で紅葉も美しいので、昔から盆栽にも好まれる。木全体がまっ赤になることは少なく、日なたの葉が鮮やかな橙〜朱〜赤色に色づき、日陰は黄色なので、葉ごとに色ムラがある様子も味わいがある。秋は翼のある果実も茶色く熟す。分 北-九。低地-山地の林。時に公園、庭。数★★ 似 よく似たイヌシデ（下）の紅葉は目立たない。

広島県北広島町（600m）10月下

▶特に赤い葉。葉先はイヌシデより長くのびる

▶半分だけ日が当たった葉

日陰の葉▶

65%

葉柄が比較的長い

65%

▶アカシデの実。京都府舞鶴市（200m）10月上

▼▶イヌシデは側脈の間や葉柄に毛が多い

葉柄は短め▼

イヌシデ ●●● 地味

犬四手　*C. tschonoskii*　別名ソネ
同科同属。葉はアカシデより大きい。紅葉は黄色が中心で、しばしば橙〜淡い赤色をおびるが、くすむことが多い。本-九。低地-山地。数★★★

54

カバノキ科 シデ属
クマシデ 🟠
熊四手　*C. japonica*　小高木/互生

紅葉は黄一色で、条件がよいときれい。次第に褐色化する。
分 本–九。山地の林。数 ★★

岐阜県下呂市 (800m) 10月下

カバノキ科 シデ属
サワシバ 🟡　別名サワシデ
沢柴　*C. cordata*　小高木/互生

紅葉はクマシデ同様に黄一色で、条件がよいときれい。分 北–九。山地の沢沿い。数 ★★

山梨県忍野村 (1100m) 11月中

カバノキ科 カバノキ属
ミズメ 🟡　別名アズサ
水目　*Betula grossa*　高木/互生/束生

紅葉は黄一色。枝や幹を傷つけると湿布薬の香りがする。分 本–九の山地。数 ★★

奈良県大台ヶ原 (1500m) 10月中

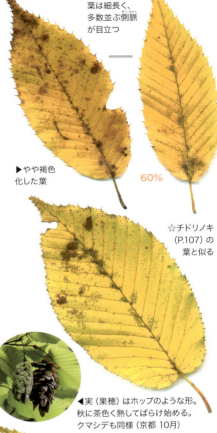

葉は細長く、多数並ぶ側脈が目立つ

▶やや褐色化した葉

60%

☆チドリノキ (P.107) の葉と似る

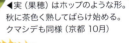

◀実 (果穂) はホップのような形。秋に茶色く熟してばらけ始める。クマシデも同様 (京都 10月)

◀ややあらい重鋸歯がある

葉はややハート形状。褐色化は比較的早め

55

カバノキ科 カバノキ属
ダケカンバ きれい

岳樺　*Betula ermanii*
高木/高5-20m/互-束生　別名ソウシカンバ

高山の森林限界付近によく生え、ナナカマド類（P.78-79）やミネカエデ（P.96）とともに秋の高山風景を彩る代表種。紅葉はきれいな黄色で、シラカバ（右頁）に似た明るいクリーム色の幹と相まって美しい。ただし、茶色くなり始めるのが早く、まっ黄色な落ち葉はなかなか拾えない。シラカバと混同されることが多いが、葉の側脈が多いこと、幹が赤みをおび、への字模様ができないこと、シラカバは高山には生えない点で区別可能。分 北海道〜中部地方・紀伊・四国。高山の明るい場所。数 ★★

北海道大雪山（1300m）9月下。赤色はナナカマド

富山県立山（1900m）10月上

葉はシラカバよりやや長い三角〜ハート形

80%

▶緑や茶色が混じることも多い

☆ダケカンバの側脈は7〜12対。シラカバは5〜8対

樹皮は紙状にうすくはがれる

56

カバノキ科 カバノキ属
シラカバ 🟡● きれい

白樺 *Betula platyphylla* 互-束生
高木/高7–30m 別名シラカンバ

ダケカンバ（左頁）同様きれいな黄色に紅葉し、散るのは比較的早い。幹は白色で黒いへの字模様ができる。分 北海道–中部地方。冷涼な山地や高原の陽地。公園、庭、街路。数 ★★

葉は三角形状。
鋸歯の大きさ
は変異がある

長野県八千穂高原（1500m）10月中

カバノキ科 カバノキ属
ウダイカンバ 🟡●

鵜飼樺 *Betula maximowicziana*
高木/高10–30m/互-束生 別名マカバ

北日本や山奥の木で、葉はカバノキ科最大級。紅葉は黄色で、褐色化するのも比較的早い。幹は銀白色でシラカバ（上）にも似る。分 北海道–中部地方。冷涼な山地。数 ★

▼褐葉した葉

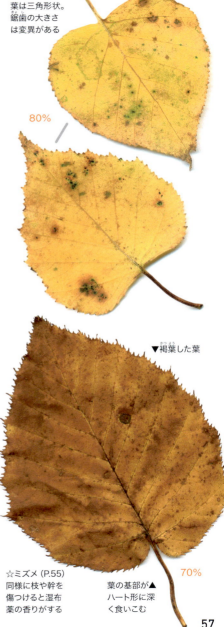

石川県白山（1600m）9月下

☆ミズメ（P.55）
同様に枝や幹を
傷つけると湿布
薬の香りがする

葉の基部が▲
ハート形に深
く食いこむ

カバノキ科 ハシバミ属
ツノハシバミ 🟡⚫ 地味

角榛 *Corylus sieboldiana*
低木/高2–5m/互生

紅葉は黄色だが、褐色化するのも早く、きれいに色づかないことが多い。ヘーゼルナッツの仲間で実は可食。分 北–九。山地の林。数 ★★ 似 葉が大型のハシバミも同様に黄葉する。

葉は丸みのあるひし形状でやや独特

▲褐葉し始めた葉

◀鋸歯が所々突き出る

広島県廿日市市（900m）10月下

クルミ科 クルミ属
オニグルミ 🟡🟤 地味

鬼胡桃 *Juglans mandshurica*
高木/高5–15m/互生

紅葉はくすんだ黄色で、緑色が抜けない場合や、すぐに褐色化することが多い。分 北–九。低地–山地の川沿い。時に公園。数 ★★ 似 同科のサワグルミも黄葉するがあまり目立たない。

岐阜県白川村（800m）10月中

葉は大型の羽状複葉で長さ60cm前後。側脈の間から茶色くなることが多い。神奈川県秦野市（100m）11月下

紅葉コラム 3

紅葉しない木

秋になってもほとんど紅葉しない落葉樹がある。ハンノキやヤシャブシを含むカバノキ科ハンノキ属、ネムノキ、グミ類などがそうだ。これらに共通するのは、根に根粒菌が共生し、空気中の窒素を根から取りこむ能力をもっていること。紅葉には、葉緑素を分解し窒素などの養分を回収する目的があるので、窒素を十分もっている木は、葉緑素を分解せず光合成を続けた方が得策なのだろう。オオバアサガラやキリ、ヤナギ類（P.48）は根粒菌をもたないが、紅葉しないことが多い。いずれも先駆性樹木で、落葉直前まで光合成をしたいのだろう。

ヤシャブシ カバノキ科の落葉高木。画像は秋に樹下で拾った落ち葉。まだ葉緑素が残った状態で落葉する（栃木 11月）

ヒメヤシャブシ カバノキ科の落葉低木。主に日本海側に生える。葉緑素が残った状態で樹上で葉が褐色化し枯れ始める（石川 10月）

ミヤマハンノキ カバノキ科の落葉低木。秋の高山で、ハート形の葉が緑色のまま残り、他の鮮やかに紅葉する木々と好対照（富山 10月）

ネムノキ マメ科の落葉高木。2回羽状複葉で、秋は細かい小葉がバラバラに落ち、多少黄葉するが目立たない（岐阜 10月）

アキグミ グミ科の落葉低木。多少黄葉するが、葉緑素が残ったまま落葉したり、褐色化したりしやすい。秋に果実がなる（石川 10月）

オオバアサガラ エゴノキ科の落葉高木。山地の谷沿いの陽地に生える。葉は大型で、緑色のまま落葉することが多い（広島 11月）

ニレ科 ニレ属
ハルニレ 🟡🟤

春楡 *Ulmus davidiana*
高木/高10–30m/互生　別名ニレ

寒地に生えるニレ。紅葉はやや淡い黄色で、次第に褐色化し、華やかな印象はない。花や果実は春につく。英名エルム。
分 北–九。山地の谷沿いや湿地。時に公園、街路。数 ★★

栃木県日光市（1400m）10月下

葉は長さ6–15cmでアキニレより明らかに大きい

▶褐色化し始めた葉

80%

▶大小二重の鋸歯（重鋸歯）がある

◀基部は左右非対称

基部は左右非対称▶

葉は長さ2–7cmで小型

80%

▲鋸歯は角張る

果実は径1cmほどで平たく、秋に茶色く熟して風に舞う。東京台東区 植栽（10m）12月上

ニレ科 ニレ属
アキニレ 🟤🟤🟡🟤

秋楡 *Ulmus parvifolia*　互生
小高木/高3–12m　別名ニレケヤキ

暖地に生えるニレ。紅葉は黄色が中心で、次第に褐色化する。時に赤〜橙色に色づく葉もある。秋には地味な花と果実がつく。
分 中部地方–九。低地の川辺や海辺。公園、街路。数 ★

山口県上関町（40m）12月中

60

ニレ科 ケヤキ属
ケヤキ 🔴🟠🟡🟤 きれい

欅 *Zelkova serrata*
高木/高10–30m/互生 別名ツキ

静岡県富士市 植栽（700m）11月上

扇形の樹形が美しく、木1本ごとに紅葉の色が異なることが大きな特徴。派手さはないが、赤、橙、黄、それぞれの色が見られ、ケヤキの並木道や広場では色とりどりの木が混在して美しい。ただし、褐色をおびるのが比較的早く、次第に樹上で茶色い葉が増えていく。いわゆる褐葉の代表種である。樹皮はうろこ状にはがれ、特有のまだら模様になる。秋には約3mmの茶色い果実も熟し、枯れた小型の葉とともに落下する。分 本−九。低地−山地の林や谷沿い。街路、公園、神社、庭。数 ★★

葉の表面はざらつく

◀カーブしてとがる独特の鋸歯の形が特徴

80%

▼剪定された場所から生えた枝では葉が大型化する

▶やや褐葉し始めてくすんだ葉

奈良県洞川温泉（800m）10月下

80%

61

アサ科 エノキ属
エノキ 🟡 きれい

榎 *Celtis sinensis*
高木/高5–20m/互生

野山や神社、道ばた、河原など、明るい場所によく生えている身近な木。秋には比較的こい黄色に紅葉し、当たり外れも少なく、暖かい都市部でも鮮やかに色づいて見映えがする。よく似たケヤキ（P.61）やムクノキ（右頁）にくらべると、枝が横に張りやすく、丸い樹形になる傾向がある。樹皮は裂けず、砂状にざらつく。紅葉に先駆けて果実が橙〜赤色に熟す。果実は食べられ、干し柿の味がする。
分 本–九。低地の明るい場所や河原。公園。数 ★★★ 似 山地や寒地にはエゾエノキ（下）が分布。

大阪市 大阪城公園（5m）11月下

若木。三重県伊賀市（150m）11月上

果実（山口 10月）

◀葉の先半分に鋸歯がある

▶葉脈は基部で3本に分かれる

▼鋸歯は基部付近まである

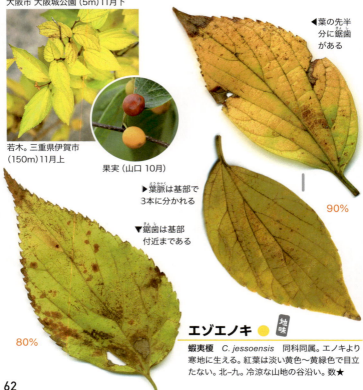

90%

80%

エゾエノキ 🟡 地味

蝦夷榎 *C. jessoensis* 同科同属。エノキより寒地に生える。紅葉は淡い黄色〜黄緑色で目立たない。北–九。冷涼な山地の谷沿い。数 ★

アサ科 ムクノキ属
ムクノキ 🟡
椋の木　*Aphananthe aspera*
高木/高10–25m/互生　別名ムクエノキ

葉や樹形はケヤキに似る。紅葉は黄一色で、条件がよいときれいだが、一斉に色づきにくい印象がある。樹皮は白くて縦にやや裂ける。分 関東–沖。低地の明るい林や川沿い。数 ★★

山口県岩国市（20m）11月上

クワ科 イチジク属
イヌビワ 🟡 きれい
犬枇杷　*Ficus erecta*
低木/高2–7m/互生　別名イタビ

海に近い暖かい地方に生える。秋は大きな葉が鮮やかな黄色に紅葉し、常緑樹林の中でよく目立つ。実はイチジクを小さくした形で、晩夏に黒く熟す。分 関東–沖。低地の林。数 ★★

山口県上関町（30m）12月中

◀果実は径約1cmで秋に黒紫色に熟す。干し柿の味がする（愛知 12月）

90%

◀表面はざらつき、紙ヤスリのように使える

▲ケヤキと異なり基部で葉脈が3本に分かれる

60%

▲葉は五角形状の独特の形

▼実（花嚢）は径約2cm、通年見られる（山口 12月）

50%

◀葉が細い品種ホソバイヌビワも時に見られる

63

クワ科 コウゾ属
コウゾ類 🟡

楮 *Broussonetia* spp.
低木/高2-7m/互生

コウゾ。神奈川県相模原市（200m）11月上

山野に生える在来種のヒメコウゾと、和紙の原料として栽培されたコウゾ（ヒメコウゾとカジノキの雑種とされる）がある。両種とも、裂ける葉と裂けない葉があり、大きな木ほど裂けない葉ばかりになる。コウゾの方が葉が大型だが、区別しにくいことも多い。紅葉は黄色で、条件がよいと鮮やかに色づいて目立つが、緑色の葉が残りやすい印象もある。分 本–九。低地–山地の明るい林。コウゾはかつて各地の里山で栽培され、野生化している。数 ★★ 似 クワ類（P.65）の葉ともよく似る。

ヒメコウゾ。奈良県（300m）11月上

50%

◀若い木や枝ほど2–5つに裂ける葉が多い

表面はざらつく

50%

◀裂けない葉（画像はいずれもヒメコウゾ）

カジノキ（三重 11月）

カジノキ 🟡 地味

梶の木 *B. papyrifera* 同科同属の小高木。コウゾ類より葉が幅広く、剛毛が多い。黄葉するが一斉に色づきにくい。中国～太平洋諸島原産。関東–沖で時に栽培・野生化。数 ★

クワ科 クワ属
クワ類 🟡⚫ 地味

桑　*Morus* spp.
小高木/高3–12m/互生

在来種のヤマグワと中国原産のマグワ（かつて養蚕用に栽培され野生化）がある。紅葉はくすんだ黄色で、緑が抜けない葉や早く褐色化する葉も多い。

分 北–沖。低地–山地。**数** ★★

▶▼ヤマグワ。マグワは葉先がのびない

50%

幼木ほど2–5つに裂ける葉が多く、成木は大半が裂けない葉

東京都台東区（20m）12月上

万葉集に登場するもみぢ 🍂🍂🍂　　紅葉コラム 4

日本最古の歌集・万葉集では、「もみぢ」は「紅葉」ではなく「黄葉」と書かれているものが大半だという。万葉集に最も多く登場する植物のハギも、やはり黄葉し、秋の季語になっている。ほかに、櫟黄葉、柞黄葉、柏黄葉などの季語もある。クヌギや柞＝コナラは薪・炭の主原料で、カシワやハギ類はカヤ場（ススキなどを収穫し屋根葺きや飼料、肥料に利用）によく生える植物だ。あらゆる資源の大半を輸入に頼る現代日本では、こうした里山植物が減少し、草原も減り、森林は総高齢化し、紅葉狩りの対象も変わりつつある。なお、万葉集に登場する植物の2位はウメで、梅紅葉の季語もあるが、紅葉はかなり地味だ。

カシワ（P.53）の黄葉とススキ草原。樹皮が厚いので火入れに強い（広島 10月）

鮮やかに黄葉したマルバハギ（P.81 山口 11月）

ウメは橙～黄色に紅葉するが目立たない（愛知 12月）

バラ科 キイチゴ属
モミジイチゴ ●●●● 地味

紅葉苺　*Rubus palmatus*
低木/高0.5–2m/互生

モミジに似ているのは葉の形だけで、紅葉はくすんだ黄色が中心で目立たない。時に若枝などで鮮やかな赤〜橙色に色づいたり斑点が入る。分 北–九。低地–山地の明るい場所。数 ★★

広島県廿日市市（700m）11月上

バラ科 キイチゴ属
ニガイチゴ ●●●

苦苺　*Rubus microphyllus*　互生
低木/高0.3–1m　別名ゴガツイチゴ

モミジイチゴ（上）に似るが、葉裏が白く、葉も丈も小ぶり。紅葉は紫〜赤系が多く、時に鮮やかな赤〜黄色になる。果実は初夏に熟し、食べられる。分 本–九。低地–山地の陽地。数 ★

埼玉県飯能市（150m）11月上

▶褐色化しやすい

☆葉は3–5裂するが形に変異が多い。西日本の個体は細長い葉が多く（左写真）、ナガバモミジイチゴとも呼ばれる

60%

◀このような赤い斑点模様ができることも多い。枝や葉柄にはトゲがある

キイチゴ類はふつう葉柄や枝にトゲがある▶

葉は3つに裂けるか、ほとんど裂けない。葉裏が粉を吹いたように白いことが特徴

60%

▶表は光沢があり両面無毛

66

バラ科 キイチゴ属

クマイチゴ ●●●

熊苺　*R. crataegifolius*　低木/高2m

紅葉は紫がかった橙色が多く、グラデーションにもなる。分 北–九。山地の陽地。数 ★★

葉は3–5裂する

◀葉柄や枝にトゲがある

▶表面に毛があるのでさわるとモミジイチゴと区別できる

60%

富山県立山（1800m）10月上

カジイチゴ ●●●

梶苺　*R. trifidus*　低木/高2m

暖地性で葉も木も大型。紅葉は紫〜赤橙〜黄が交じる。分 本–九。海辺。庭。数 ★

葉は光沢が強くて毛がなく、トゲがないことが特徴。5–7つに裂け、径10–15cmと大型（東京 植栽 12月）

千葉県 植栽（20m）12月下

クサイチゴ ●●● 地味

草苺　*R. hirsutus*　小低木/高50cm

一部の葉が紫〜赤〜黄色に紅葉することが多い。分 本–九。主に低地の陽地。数 ★★★

☆時に非常に鮮やかに色づく

▼羽状複葉で小葉は3枚か5枚

◀葉や枝は有毛

▶葉柄や枝にトゲがある

70%

山口県東部（200m）11月下

バラ科 コゴメウツギ属
コゴメウツギ 🟡

小米空木　*Neillia incisa*
低木/高1–2m/互生

林の道沿いなどによく群生する。秋は黄一色に紅葉し、まずまずきれい。黄葉した葉は枝に長く残り、次第に褐色をおびる。分 北–九。太平洋側の山地–低地の明るい林。数 ★★

神奈川県秦野市 (200m) 12月上

バラ科 リンゴ属
ズミ 🔴🟠🟡 地味

酸実　*Malus toringo*　束–互生
小高木/高2–8m　別名コナシ、コリンゴ

紅葉は黄色が中心で、若枝などで橙〜こい赤色にも色づくが、色がくすみやすく、落葉も早い。秋は果実が赤〜黄色に熟し枝によく残る。分 北–九。山地の湿地や高原。まれに庭、公園。数 ★

長野県松本市 (1400m) 10月中

80%

☆キイチゴに似るが別属で、食べられる果実はならず、枝にトゲもない

▶葉は不規則な切れこみと、あらい鋸歯がある

80%

◀よくのびた枝では3つに裂けた葉が現れ、赤くなりやすい

通常の枝では裂けない葉の黄葉が多い▶

▲少し裂け目のある葉

80%

68

バラ科 ヤマブキ属
ヤマブキ 🟡 きれい

山吹　*Kerria japonica*
低木/高1–2m/互生

紅葉は鮮やかな黄色で、日陰を明るくする華やかさがある。細い幹が多数出る樹形。**分**北–九。山地–低地の林。庭、公園、生垣。**数**★★ **似**シロヤマブキは葉が対生し、黄葉は地味。

東京都 植栽 (5m) 12月下

バラ科 シモツケ属
ユキヤナギ 🟠🟠🟡

雪柳　*Spiraea thunbergii*
低木/高1–2m/互生　別名コゴメバナ

細長い葉が黄や橙、赤色に紅葉する。特に刈りこんだ木では若枝の葉が鮮やかになりやすく、グラデーションになることも。**分**中国原産または本–九。川岸、庭、公園、生垣。**数**★★

山口県田布施町 (50m) 12月中

◀色づき始めの葉

▶黄葉後半の色がこい葉。ふちは重鋸歯がある

▶枝も幹も緑色

80%

▲紅葉と同時に返り咲きした花を見かけることも多い (山口 12月)

◀▶赤系によく色づいた葉

80%

69

バラ科 カマツカ属
カマツカ ●●● きれい
鎌柄　*Pourthiaea villosa*　互-束生
小高木/高2-7m 別名ウシコロシ

紅葉は鮮やかな黄か橙色が多く、日なたや若木では赤くなる個体もある。色がにごることも多いが、逆光だと特にきれい。秋には赤い果実もつく。分 北-九。山地-低地の林。数 ★★

愛媛県石鎚山（1400m）10月下

果実の柄にはイボがある（奈良 10月）

▲葉先に近い方で葉の幅が広くなる

バラ科 ザイフリボク属
ジューンベリー ●●● きれい
Juneberry　*Amelanchier* spp.
小高木/高2-8m/互生

庭木として近年人気。紅葉はややくすんだ橙色で、色の濃淡があり、鮮やかな部類。分 北米原産のアメリカザイフリボクやセイヨウザイフリボクなどの園芸種の総称。庭、公園。数 ★

山梨県北杜市（1200m）9月下

◀葉の基部はハート形になる

◀葉脈がやや黄色く見えることが多い

◀葉はジューンベリーより細く、裏や葉柄に白い毛がある

ザイフリボク ●●●
采振木　*A. asiatica*　別名シデザクラ。紅葉は橙色が中心でややくすむ。本-九。山地。まれに庭。数 ★

バラ科 アズキナシ属
アズキナシ

小豆梨　*Aria alnifolia*
高木/高5–20m/互–束生　別名ハカリノメ

静岡県浜松市 浜名湖（30m）12月上

冷涼な山地に多い木だが、低山の尾根にも時に生える。葉は丸みがあり、互生するか、短い枝（短枝）に3枚程度が束になってつく。紅葉は黄色が基本で、時に橙〜赤色に色づくこともある。よく似たウラジロノキ（下）とともに、褐葉しやすい木で、早々に樹上で葉の一部が褐色化することも多く、緑・黄・茶色が交じる様子や、次第に茶色がこくなる様子も味わいがある。秋は小豆大の果実も赤く熟し、ナシのような食感で食べられる。分 北–九。山地–低地の林や岩場。まれに庭、公園。数 ★

ウラジロノキの褐葉。
茨城県筑波山（800m）11月上

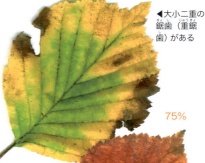
◀大小二重の鋸歯（重鋸歯）がある

75%

両種とも周囲から褐色になりやすい

▲特に鮮やかな赤色に紅葉したアズキナシ

▲山形の大きな重鋸歯（切れこみ）が目立つ
60%

ウラジノキ

裏白の木　*A. japonica*　同科同属。アズキナシより葉のギザギザが大きく、裏の白みが強い。紅葉は黄色で、樹上で褐色をおびやすい。本–九。尾根や岩場。数★

71

バラ科 サクラ属
ソメイヨシノ ●●●

染井吉野　*Cerasus x yedoensis*
高木/高7-15m/互生　別名ヨシノザクラ、サクラ

日本で最も多く植えられているサクラで、サクラといえば本種を指すことが多い。紅葉は赤に近い橙色、すなわち朱色が中心で、色がこい葉はまっ赤、日陰は黄色になる。しばしば1枚の葉でも赤と黄色がきれいなグラデーションになる。紅葉時に葉の一部が茶色く傷むことが多く、夏の終わり頃から早々と落葉し始めることも多いが、条件がよいとかなり鮮やかな紅葉が見られる。分野生のオオシマザクラとエドヒガンの雑種から生じた園芸種。本-九の街路、公園、庭。数★★★

山口県周南市 植栽 (10m) 11月下

山梨県 植栽 (900m) 10月下

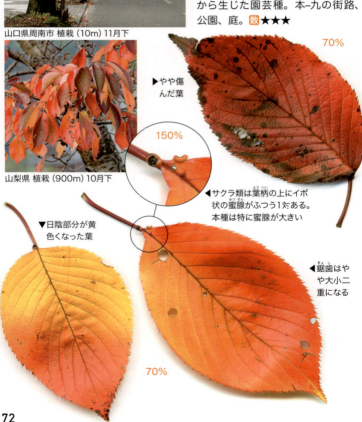

▶やや傷んだ葉

70%

150%

◀サクラ類は葉柄の上にイボ状の蜜腺がふつう1対ある。本種は特に蜜腺が大きい

▼日陰部分が黄色くなった葉

◀鋸歯はやや大小二重になる

70%

72

バラ科 サクラ属
ヤマザクラ 🟠🟠🟡 きれい

山桜　*Cerasus jamasakura*
高木/高7–20m/互生

関東以西で身近な林に最もふつうに見られる野生のサクラ。紅葉は朱赤〜橙色で、1枚の葉でも、日当たりがよい部分の赤〜橙色と、日当たりが悪い部分の黄色が塗り分けられたようになることも多く、対比が美しい。サクラ類は紅葉も落葉も他の落葉樹より早く、秋の盛りに葉の数が少なめなことが残念。本種やオオヤマザクラ（次頁）は春の若葉も赤いのに対し、カスミザクラ（下）の若葉は緑〜茶色、ソメイヨシノ（左頁）の若葉は緑色。分 本（福島以南）–九。低地–山地の林。公園、庭。数 ★★

大阪府箕面市 箕面山 (350m) 11月下

広島県廿日市市 (600m) 10月中

70%

◀日当たりで葉の色が変わることも多い

▼葉の表や葉柄に毛がある

蜜腺が1対ある▶

◀ヤマザクラの葉裏は白っぽい。鋸歯は細かくて大きさがそろう

◀カスミザクラの葉裏は光沢がある。鋸歯は大小二重で大きい

カスミザクラ 🟠🟠🟡

霞桜　*C. leveilleana*　同科同属。山地に多く、ヤマザクラと混生する。紅葉は淡い橙〜赤色が多く、ヤマザクラとよく似る。北–本。数 ★★

70%
蜜腺がある▶

バラ科 サクラ属
オオヤマザクラ ●●● きれい

大山桜　*Cerasus sargentii*　互生
高木/高7–25m　別名エゾヤマザクラ

北日本の桜。花や若葉は赤みが強く、紅葉も赤みが強い印象があり、鮮やかな赤〜朱色に色づく。紅葉期は早い。分北・本。冷涼な山地。寒地で公園、庭、街路。数★★

山梨県北杜市（1500m）10月中

バラ科 サクラ属
タカネザクラ ●●● きれい

高嶺桜　*Cerasus nipponica*　互生
小高木/高1–8m　別名ミネザクラ、チシマザクラ

最も高い標高に分布する高山の桜で、小型化して低木状になることも多い。紅葉は朱色が中心で、赤や黄色っぽくもなる。分北–中部地方。高山〜冷涼な山地。寒地で庭。数★

長野県木曽駒ヶ岳（2700m）10月上

ヤマザクラより葉が幅広く、鋸歯も大ぶり▼

70%

基部がややハート形になる

▲日陰では黄色くなる

◀大小二重に深く刻まれる鋸歯が特徴的

70%

▲葉柄の上に1対の蜜腺がある

▶日陰ほど黄色くなる

バラ科 サクラ属
シダレザクラ 🟠🟡 地味

枝垂れ桜 *Cerasus itosakura* f. *itosakura*
小高木/高3–15m/互生　別名イトザクラ

名の通り枝がたれることが特徴。紅葉は黄色で、時に橙に色づくが、傷みやすくて華やかさはない。分 エドヒガン（本–九の山地に生える）から作られた園芸種。庭、寺、公園。数 ★

長野県 植栽（500m）11月中

バラ科 ウワミズザクラ属
イヌザクラ 🔴🟠🟡

犬桜 *Padus buergeriana*
高木/高7–20m/互生　別名シロザクラ

知名度の低い桜。紅葉は淡い黄色が多いが、日当たりがよいと赤みをおび、ピンク～くすんだ赤橙色に染まり、特有の美しさがある。分 本–九。低地–山地の林。数 ★

神奈川県秦野市（200m）12月上

少し橙色に色づいた葉。虫食いや病気で茶色く傷んだ葉も多い ▶

70%

◀ 葉は細長い。エドヒガンの葉や紅葉も同じ

葉は細長く、モモの葉に似る ▶

淡い色が特徴的

70%

◀ 赤みをおびた葉。先に近い方で幅が広い

75

バラ科 ウワミズザクラ属
ウワミズザクラ

上溝桜　*Padus grayana*
高木/高7〜20m/互生

山地では個体数も多く、夏緑樹林を代表する雑木の一つ。紅葉はすんだ黄色や、黄に少し赤を足した山吹色〜明るい橙色で、特有の上品な美しさがある。個体によって色が異なり、日なたでも黄一色になる木も多い。落葉時は、枝先の細い枝も赤くなり一緒に落ちる特性がある。花は晩春に咲き、白色でブラシ状の穂につくことが、他のサクラ類と異なる本属の特徴。分 北−九。山地−低地の林。数 ★★ 似 北日本の深山に生える同属のシウリザクラは、赤系の紅葉で、若葉も赤くて目立つ。

広島県北広島町 芸北（700m）10月下

東京都三鷹市（60m）11月下

特に赤く紅葉した若木の葉。
長野県松本市（1400m）11月下

▼葉脈がくぼんであみ目状のしわが目立つ

70%

葉柄は1cm▲前後と短め

▶本種特有の淡い橙色に紅葉した葉

バラ科 バラ属

ハマナス ●●○

浜梨 *Rosa rugosa* 別名ハマナシ
低木/高0.3–1.5m/互生

北日本に多い大型のバラ。紅葉はこい黄色で、条件がよいと枝先の葉が橙〜赤色に色づき美しい。秋は赤い果実も熟す。
分 北・本。海辺の草地。庭、公園、街路。数 ★

山口県 植栽（30m）12月上

◀日が当たる部分が赤くなった葉。しわが目立つことが特徴

羽状複葉で側小葉は3–4対ある

70%

▶葉柄にトゲがある。枝にはより多くトゲがある

☆バラ属はノイバラをはじめ多くの種類があるが、ハマナス以外の紅葉は目立たない

異常に鮮やかな紅葉

紅葉コラム 5

紅葉図鑑だからといって、最も鮮やかな紅葉写真を載せればいいとは限らない。通常とは異なる条件下で、異常に鮮やかに紅葉することがあるからだ。代表例が、公園など開けた場所にポツンと植えられた木だ。全方向から日光を浴び、特殊な生育条件なので、自然界の暗い林の中とちがい、見事に赤く紅葉する例も多い。右のオオウラジロノキは、通常は山中で黄葉する珍しい木だが、公園に植えられている個体を初めて見たら、鮮やかな赤系に紅葉していて驚いた。他にも、幼木、夏以降に出た若い枝葉（剪定後に出た徒長枝など）、園芸種（紅葉が鮮やかな個体を選抜）などで、通常とは異なる鮮やかな紅葉がよく見られる。

オオウラジロノキ
●●○ バラ科リンゴ属の高木。広島県深入山 植栽（800m）11月上

ミズナラの幼木

モミジイチゴの徒長枝

77

バラ科 ナナカマド属
ナナカマド ●● きれい

七竈　*Sorbus commixta*
小高木/高2–12m/互生

北国を代表する紅葉が美しい木。町中では街路や公園、自然界ではブナ林や高山でまっ赤な紅葉が目立つ。夏の終わり頃、先に果実が赤くなり、その後に葉が、赤紫を経てこく鮮やかな赤色に染まる。日陰では淡い橙色にもなるが、紅葉はほぼ赤一色といってよく、まっ赤な果実と同時に見られるのも本属ならでは。果実は落葉後も枝に長く残る。分 北–九。冷涼な山地–高山。街路、公園、庭。数 ★★（北日本では街路樹としても多く植えられているが、東京以西の低地では暑すぎてよく育たない）

富山県立山町 弥陀ヶ原（1900m）10月上

富山県立山（2300m）10月上

羽状複葉で側小葉は4–7対。ふち全体に細かい鋸歯がある

先は長くのびてとがる▶

◀表面に光沢としわが目立つ

◀小葉にずんぐりした形

タカネナナカマド ●●●

50%

高嶺七竈　*S. sambucifolia*　同科同属の低木。紅葉はくすんだ橙色が多く、他2種より地味。北海道–中部地方の高山。数★

50%

☆名の由来は、材を七回かまどに入れても燃え残るためとか

78

バラ科 ナナカマド属
ウラジロナナカマド ●●● きれい

裏白七竈　*Sorbus matsumurana*
低木／高1–3m／互生

長野県木曽駒ヶ岳 千畳敷カール (2500m) 10月上

ナナカマド（左頁）とよく似ているが、葉裏がやや白いのでこの名がある。ナナカマドは主にブナ・ミズナラ林に点在するのに対し、本種は森林を抜けた高山に群生することがちがいで、日本アルプスや大雪山の紅葉は本種が主役だ。紅葉は透き通った赤橙色が基本だが、赤〜黄色まで変異があり、木全体が黄色くなる個体も多く、群落全体がカラフルに見えることが特徴。根元から細い幹を多数出し、半球形の樹形になる。分 北–中部地方。高山。数 ★★★（高山では個体数が多い）

富山県立山 (2000m) 10月上

50%

葉裏は白みをおびる▶

◀鋸歯は小葉の先半分にある

◀葉先は丸みがある

▶果実。
北海道大雪山
(1600m) 9月下

50%

79

マメ科 フジ属
フジ 🟡🟤

藤　*Wisteria floribunda*
つる性樹木/高2–20m/互生　別名ノダフジ

日本産のマメ科の中で最も紅葉が目立つ木の一つ。条件がよいと鮮やかな黄色に染まり美しい。やがて色がこくなり橙色にも見えるのは、褐色の色素ができる褐葉の現象。マメ科は紅葉が地味で、赤くなる木はほとんどない。エンジュ、ニセアカシア（ハリエンジュ）、ネムノキ（P.59）も多少黄葉するが、一斉に色づくことは少なく目立たない。マメ科は根に根粒菌が共生し、窒素を豊富にもっていることと関係している（P.59）。
分 本–九。低地–山地の明るい林。庭、公園（藤棚）。**数** ★★★

神奈川県秦野市（150m）11月中

果実。長崎県 植栽（5m）12月下

落葉時は小葉がばらけて落ちる

50%

40%

▲ふちは少し波打つ

ヤマフジ 🟡🟤

山藤　*W. brachybotrys*
同科同属。紅葉はフジと同様に黄色。つるの巻き方が逆で、中部地方以西に分布。庭。数★★★

▲小葉はフジよりやや幅広い

葉は羽状複葉で側小葉は5–9対ある。ヤマフジは4–6対

マメ科 クズ属
クズ 🟡🟤

葛 *Pueraria lobata*
つる性樹木／高1–12m／互生

やぶや空き地に一面生い茂るつる植物。葉が大型で、紅葉はこい黄色で鮮やかだが、すぐに茶色く褐葉し始めるので華やかさはない。分 北–九。低地–山地の明るい場所。数 ★★★

山口県柳井市 (5m) 12月中

マメ科 ハギ属
ハギ類 🟡🟤 きれい

萩 *Lespedeza* spp.
つる性樹木／高1–2m／互生

種類が多く、紅葉はどれも鮮やかな黄色だが、褐色化しやすい。枝先には緑色の葉が残りやすく、なかなか黄一色とはなりにくい。分 北–九。低地–山地の陽地。庭、公園。数 ★★

山口県光市 (50m) 11月上

◀緑色が抜けきらない葉も多い

30%

▲切れこみが入る葉と入らない葉がある

▶褐葉し始めた葉（山口 12月）

▲マルバハギの花。花が紅葉期まで残ることもある（長崎 10月）

▼ミヤギノハギ。枝が長くたれ、葉先がとがる

▶マルバハギ。小葉が丸い（P.65）

褐葉し始めた葉▼

70%

▶ヤマハギ。ハギ類は葉の大小の変異が多く、見分けにくい

81

ウルシ科 カイノキ属
カイノキ 🟠🟠🟠🟡 きれい

楷の木 *Pistacia chinensis* 互-束生
小高木／高4–15m 別名ランシンボク

紅葉が美しいことで知られる珍木。透き通るような赤〜橙色、または黄色に紅葉し、時にグラデーションになる。学問の木とされる。分中国原産。まれに公園、庭園、学校。数★

山口市維新公園 植栽（15m）12月上

ウルシ科 ウルシ属
ヤマハゼ 🟠🟠🟡 きれい

山櫨 *Toxicodendron sylvestre*
小高木／高4–15m／互-束生

ハゼノキ（右頁）に似るが、枝葉に毛が生える。紅葉はややくすんだ橙〜赤色が多く、黄色くなることもある。時に非常に鮮やか（P.1）。分関東-九。低地-山地の明るい林。数★★

広島県大竹市（80m）11月上

先端の小葉はない▼

葉は頂小葉がない偶数羽状複葉

▼黄葉した葉

35%

15%

▲▶両種とも樹液が皮ふにつくとかぶれるので注意

30%

◀ハゼノキより側脈が目立つ

▲葉の両面や葉軸、冬芽などに細かい毛が密生し、さわるとざらつく

ウルシ科 ウルシ属
ハゼノキ 🔴 きれい

櫨の木、黄櫨の木　*Toxicodendron succedaneum*
小高木／高4-12m／互・束生　別名リュウキュウハゼ、ロウノキ

大分県国東市 竹田津（5m）11月下

暖地の赤い紅葉といえば、ハゼノキがナンバー1だろう。西日本では山野にふつうに生え、秋には常緑樹に交じってまっ赤に紅葉した姿があちこちで目立つ。鮮やかですんだ赤ほぼ一色で、多少の濃淡はあれど当たり外れも少ない。夏の後半から、少数の小葉が赤く紅葉する葉もよく見られる。秋が暖かいと若葉が出やすく、沖縄では10〜2月まで紅葉が見られる。🟠分 沖縄・中国原産。果実からロウを採取するためかつて栽培され、関東–九州で野生化。低地の明るい場所。時に庭。🟠数 ★★

葉は羽状複葉で、側小葉は4-8対ある。ウルシ科は枝葉を傷つけると白い樹液が出て、肌につくとひどくかぶれるので注意

果実。秋に熟し冬も残る（大分 11月）

表面はやや光沢がある。両面無毛▶

☆葉のふちに鋸歯はないが、幼木ではしばしば鋸歯が出る。ヤマハゼも同様

裏

幼木。島根県安来市（80m）12月中

落葉時は小葉と葉軸はバラけて落ちる▶

50%

83

ウルシ科 ウルシ属
ヤマウルシ ●●●● きれい

山漆　*Toxicodendron trichocarpum*
低木/高1-7m/互-束生

秋の山道で、カエデ類と並ぶ華やかな紅葉を見せてくれる木。紅葉期が早く、他種がまだ緑色の頃から赤や黄色に染まり始め、道沿いに幼木や若木が多いのでよく目立つ。はじめ紫色で、明るい赤〜橙色に紅葉する個体が多いが、日なたでも赤みがかった黄色に紅葉する個体も少なくない。雌株には茶色い臭実がつく。
分 北-九。山地-低地の明るい場所。
数 ★★　似 まれにある中国原産のウルシ（漆液を採取するためかつて栽培され野生化）は、葉表が無毛で、くすんだ橙〜赤や黄色に紅葉する。

岐阜県飛騨市 池ヶ原湿原（1000m）10月下

岐阜県白川村（1500m）10月中

葉は羽状複葉で、両面に毛がある

40%

20%

▲幼木の葉。鋸歯が出ることが多い

☆樹液が肌につくとかぶれるので注意

◀つけ根の小葉は丸くて小さい

20%

葉軸は赤い

ウルシ科 ウルシ属
ツタウルシ ●●● きれい

蔦漆　*Toxicodendron orientale*
つる性樹木/高1–15m/互生

横枝をのばす。岐阜県御嶽山（1400m）10月下

気根を出して木や岩によじ登るつる植物で、葉は3枚セット。紅葉はすんだ赤〜橙色が中心で非常に美しい。日陰ほど淡い橙色や黄色になるので、紅葉し始めの紫色や緑色の葉も交じり、しばしばカラフルになる。全体が黄色くなる個体もある。紅葉期が早く、林内の地をはうことも多いので格好の被写体だが、乳白色の樹液が肌につくとひどくかぶれるので要注意。秋には果実も茶色く熟す。分 北–九。山地–低地の林や岩場、海岸。数 ★★ 似 幼いつるの葉は、ツタ（P.39）の幼い葉にも似る。

広島県八幡湿原（700m）10月下

葉は三出複葉で、大小の変異が大きい

▼日陰部分は黄色くなる

▶大型の葉は鋸歯がない

40%

地をはう小型の葉には、しばしば少数の鋸歯がある▼

カラマツに登り黄葉した個体。福島県五色沼（800m）10月中

鋸歯のある小型の葉（広島 10月）

40%

85

ウルシ科 ヌルデ属
ヌルデ 🔴🟠🟡

白膠木　*Rhus javanica*
小高木/高3−8m/互−束生　別名フシノキ

日当りのよい空き地やヤブ、道路沿いの斜面、河原などによく生える先駆性樹木。同じウルシ科のハゼノキ（P.83）やヤマウルシ（F.84）にくらべると、紅葉の華やかさは劣るが、樹高1m前後の幼木や寒地に生えた個体は、しばしば鮮やかな橙〜赤色に色づく。暖地ではくすんだ橙〜黄色に紅葉して見栄えがしない個体が多く、葉の表面に粒状の虫こぶや病気が発生して傷むことも多い。初秋に雌株につく果実は塩状の結晶が生じ、なめるとしょっぱい。分 北−九。低地−山地の明るい場所。数 ★★

特に鮮やかな若木。広島県北広島町（800m）10月下

葉軸に翼と呼ばれるひれ状の物体がつく

果実をつけた成木。広島県北広島町（500m）10月下

65%

25%

▶表面に茶色い汚れが目立つことが多い

☆ヌルデはハゼノキやウルシ類にくらべると、樹液でのかぶれは弱いといわれるが要注意

幼木の紅葉▶

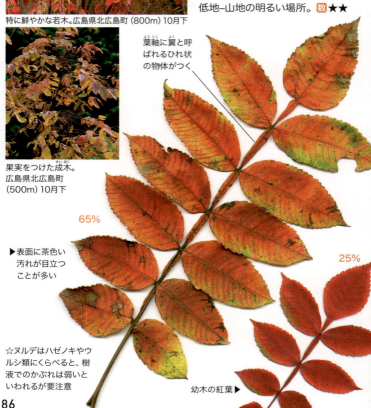

86

ウルシ科 ケムリノキ属
ケムリノキ 🟠🟠🟡 きれい

煙の木 *Cotinus coggygria* 互−束生
小高木/高2−5m 別名ハグマノキ

夏に羽毛状の果実が目立ち、スモークトゥリーの名もある。紅葉はすんだ鮮やかな赤系で、最初は紫色、日陰ほど黄色く、非常に美しい。分 中国−ヨーロッパ原産。庭、公園。数 ★

葉はスプーンのような形で先は丸い
側脈に沿って赤くなりやすい▼
60%
▲日陰の黄色も鮮やか
山口県 植栽（50m）11月下　　果実（東京 10月）

草紅葉　　　　　　　　　紅葉コラム 6

紅葉は木だけでなく草でも見られ、「草紅葉」と呼ばれる。秋の寒地ほど鮮やかな草紅葉がよく見られるが、チガヤやアメリカフウロのように、意識すれば暖地の都市部でもよく見つかる。

チガヤ イネ科。紫〜赤〜橙色が交じる紅葉（山口 11月）

タカトウダイ トウダイグサ科。鮮やかな赤色（滋賀 10月）

イタドリ タデ科。ふつう黄色、時に朱〜赤色（富山 10月）

アメリカフウロ フウロソウ科。春〜夏に赤く紅葉（沖縄 4月）

ゼンマイ ゼンマイ科。シダ植物。黄葉〜褐葉（山口 11月）

ムクロジ科 カエデ属
イロハモミジ ●●● きれい

以呂波紅葉、伊呂波紅葉　*Acer palmatum*
小高木/高4–15m/対生　別名イロハカエデ、タカオモミジ

暖地でも鮮やかに紅葉し、最も有名で最もよく植えられるカエデ。紅葉は赤〜橙色が中心で、日陰では黄色くなりやすいが、日なたでも黄一色になる個体もある。東京で見頃を迎えるのは平年11月下旬〜12月上旬頃。狭義の「モミジ」は、本種とオオモミジ（右頁）、ヤマモミジ（P.91）を指し、これらを交配し何百もの園芸品種が作られている。植えられる個体は大半が園芸品種で、特に赤系の紅葉が鮮やか。分 本–九。主に太平洋側の低地–山地の林や谷沿い。庭、公園、街路、社寺。数 ★★★

紅葉の序盤。山口県岩国市 植栽（20m）11月上

島根県 植栽（20m）12月上

▶林内に生えた野生の個体では、これくらいの橙色が多い

葉は深く5–7裂し、カエデ属の中で最小サイズ

90%

▼まれに複数の色が交じる葉もある

◀大小二重の鋸歯（重鋸歯）がある。裂片はオオモミジより細い

▲これだけ鮮やかな葉はたいてい園芸品種

90%

黄葉した葉▶

88

ムクロジ科 カエデ属
オオモミジ ●●● きれい

大紅葉　*Acer amoenum* var. *amoenum*
小高木/高5-15m/対生

広島県北広島町 植栽（800m）10月下

イロハモミジ（左頁）と並ぶ「もみじ」の代表種でよく植えられる。葉がイロハモミジよりひと回り大きく、ふちの鋸歯が細かい（鋸歯があらいものは変種ヤマモミジ→P.90）。紅葉は、木全体が赤くなるものから、黄一色になるものまであり、変異が多く美しい。園芸品種ほど赤系の紅葉が鮮やかで、作り物かと思うほど（左写真）。若葉が赤紫色になる園芸品種はノムラモミジと呼ばれる（下）。秋にはプロペラ形の果実が茶色く熟す。分 北-九。山地-低地の林。庭、公園、社寺、街路。数 ★★★

◀▶ふちの鋸歯はふつう細かくそろうが、しばしば重鋸歯も交じる

葉は7-9裂し、裂け目の深さは変異がある

90%

ノムラモミジ ●● きれい

濃紫紅葉　オオモミジなどの園芸品種のうち、若葉がこい紫色に色づく品種の総称。春〜初夏は木全体が赤紫色になり目立つ（P.91）。秋の紅葉も鮮やかで赤や橙色。数 ★★

若葉 90%

ムクロジ科 カエデ属
ヤマモミジ ●●● きれい

山紅葉　*Acer amoenum* var. *matsumurae*
小高木/高2-15m/対生

オオモミジ（P.89）の変種で、日本海側の雪が多い地域に自生する。葉のふちの鋸歯がオオモミジより深く、イロハモミジ（P.88）よりは葉が大きい。低木や枝が曲がった樹形が多い。紅葉は黄色が比較的多い印象があり、その中に赤い葉や、一部が赤くなった葉が入り交じることが多く、とても美しい。園芸品種も多く、太平洋側にも植えられている。園芸品種ではイロハモミジ、オオモミジとの正確な区別は難しいことも多い。
分 北・本。日本海側の山地。庭、公園、街路。数 ★★

新潟県魚沼市 枝折峠（1000m）11月上

富山市神通峡（200m）11月上

▼赤と黄が交じる葉もある

葉は7-9裂し、イロハモミジより大型

80%

▼ベニシダレ。若葉は紅紫色

根元まで複雑に深く切れこむ▶

若葉 60%

鋸歯は大小二重（重鋸歯）になる▶

シダレモミジ ●●●

枝がたれるモミジ類の総称。ヤマモミジの園芸品種で、アオシダレやベニシダレなどがある。紅葉は赤や橙が多く、時に黄色。庭、公園。数★

紅葉コラム 7

春の紅葉？

春〜初夏に、木全体が赤く染まる木がある。その代表がノムラモミジだ。春の紅葉？と思ってしまうが、これは若葉が赤く色づく現象で、夏に向け次第に緑色になるので、紅葉（＝落葉する前に色づく）とは異なり、春紅葉とも呼ばれる。若葉が赤みをおびる植物は多く、カエデ類やヤマザクラ、アカメガシワ（P.45）をはじめ、タブノキやモッコクなど常緑樹にも多い。これは日光や虫害から若葉を守るサングラスのような役割があると考えられるが、個体差も大きい。特に赤くなる個体を選抜したものが、ノムラモミジなどの園芸植物である。

ノムラモミジ（P.89）庭園や民家の庭先で木全体が赤紫色に染まり目立つ（福岡 6月）

シダレモミジ（左頁）ベニシダレなどの園芸品種は若葉が赤紫色になる（広島 4月）

ベニバスモモ バラ科の落葉小高木。中国原産で庭木にされる。若葉は赤紫色で、春〜初夏は木全体が赤紫色に見え目立つ（長野 7月）

カナメモチ バラ科の常緑小高木。生垣に多く植えられ、若葉がまっ赤になる園芸品種レッドロビンなどがよく植えられる（岡山 4月）

タブノキ クスノキ科の常緑高木。若葉は赤色をおびることが多いが、黄緑色のことも。低地の林、街路、公園で見られる（広島 6月）

オオバベニガシワ トウダイグサ科の落葉低木。葉は丸く大きく、若葉はピンク色で目立つ。中国原産で庭木にされる。（山口 4月）

ムクロジ科 カエデ属
ハウチワカエデ 🔴🔴🟡 きれい

羽団扇楓　*Acer japonicum*
小高木/高4−12m/対生　別名メイゲツカエデ

北国のブナ林に生える代表的なカエデで、大きくて丸い葉を天狗の羽うちわにたとえたことが名の由来。まっ赤に紅葉する個体がよく目立つが、明るい橙〜黄色に紅葉するものも多く、さまざまな色が見られる。時折、葉脈に沿って塗り分けたように複数の色が入り交じる葉も見られ、非常に美しい。このような葉は、コハウチワカエデ（右頁）やオオイタヤメイゲツ（P.94）にもしばしば見られる。分 北・本。冷涼な山地。寒地で庭、公園、街路。数 ★★

山梨県瑞牆山（1600m）10月中

広島県冠山（900m）11月上

70%

▲赤、黄、緑が入り交じって特にきれいな葉

葉は9−11裂し、ハウチワカエデ類で最大

葉柄は短めで有毛▶

◀このような明るい橙色に紅葉することも多い

92

<small>ムクロジ科 カエデ属</small>
コハウチワカエデ
<small>小羽団扇楓　*Acer sieboldianum*　小高木/高5-15m/対生　別名イタヤメイゲツ</small>

ハウチワカエデ（左頁）より葉がひと回り小さいのでこの名があるが、木はむしろ大きくなる印象もある。低山にも生え、ハウチワカエデ類では最もよく見かける。紅葉は橙～朱色が多く、個体によってはかなり赤くなり、日当たりが悪い部分は黄色くなるので、色とりどりで鮮やか。赤～橙～黄のグラデーションになったものを見かけることも多い。ハウチワカエデ類は、林のやや内側で枝を扇形に広げた樹形が多い（左写真）。分 本-九。山地-低地の林。時に庭、公園。数 ★★

広島県北広島町（700m）10月下

広島県廿日市市（900m）11月上

◀鋸歯は大人しい印象

葉柄は有毛で、ハウチワカエデより長い▶

70%

70%

葉は9-11裂し、葉の形はやや変異がある

93

オオイタヤメイゲツ

ムクロジ科 カエデ属

きれい

大板屋名月　*Acer shirasawanum*
高木/高5-20m/対生

主に太平洋側の深山のブナ林に生え、分布する山では個体数が多いが、分布しない山にはまったくない。紅葉は鮮やかな黄色が中心で、淡い橙色になる個体もある。一部の葉や、葉の一部分がまっ赤に色づくことも多く、華やかさがある。葉はハウチワカエデ（P.92）とコハウチワカエデ（P.93）の中間的な大きさで、裂け目が特に多く、11-13に裂ける。和名は、板屋根のように枝葉を広げ、名月のように丸く大きな葉の意味。
分 本（福島以南）・四。冷涼な山地。
数 ★★

奈良県大台ヶ原（1500m）11月上

70%

◀▼両種とも鋭い重鋸歯が目立つ

◀▶両種とも葉柄は長くて無毛

▼色がこい葉

70%

切れこみは比較的深い

ヒナウチワカエデ

雛団扇楓　*A. tenuifolium*　同科同属の小高木。葉は9-11裂し、ハウチワカエデ類最小。紅葉は特有の淡い橙色が多い。本-九の山地。数★

ムクロジ科 カエデ属
オガラバナ ●●●

麻幹花　*Acer ukurunduense*
小高木/高3–10m/対生　別名ホザキカエデ

北海道大雪山（1300m）9月下／花（群馬 6月）

ミネカエデ（P.96）とともに高山に見られるカエデ。紅葉はややくすんだ橙色が中心で、くすんだ赤色や黄色にもなるが、華やかさは今ひとつ。むしろ初夏に咲く穂状の花が特徴的なので、この名があるのだろう。一般に、高山の森林限界付近に見られるカエデは本種かミネカエデと思ってよく、葉が大型で表面にしわが目立ち、赤系の紅葉なら本種、すべすべで黄色ならミネカエデである。分 北海道–中部地方、紀伊。高山や冷涼な山地。北海道では標高200～300mでも見られる。数★

北海道上川町（1000m）9月下

▶赤色の紅葉
富山県立山（2100m）10月上

葉は5裂し、長さ10–15cm

60%

◀▲両種とも表面はしわが目立つ

葉柄は長い。葉裏は毛が多い

20%

アサノハカエデ ●●

麻の葉楓　*A. argutum*　同科同属の小高木。葉は5裂し、紅葉はふつう黄色、時に橙色。本–九。冷涼な山地。数★

60%

95

ムクロジ科 カエデ属
ミネカエデ きれい 🟡

峰楓　*Acer tschonoskii*
低木/高1–5m/対生

名の通り、高山の峰＝尾根などに生える低木のカエデ。森林限界付近に群生することも多く、ダケカンバ（P.56）やナナカマド類（P.78–79）とともに高山の紅葉を彩る代表種。葉は5つに裂けてギザギザが目立ち、鮮やかな黄色ほぼ一色に紅葉し、美しい。まれに、うっすらと橙色をおびる個体もある。分 北海道–中部地方の高山。本州中部では標高1500〜2500mに多く、東北や北海道ではより低標高でも見られる。数 ★★
似 西日本の高山にはナンゴクミネカエデ（下）が分布する。

富山県立山町 弥陀ヶ原（1900m）10月上

例外的に少し橙色をおびた葉。
富山県立山（1900m）10月上

▼裂片はあまりのびない　60%

▲ナンゴクミネカエデの裂片は長くのびる

両種とも葉は複雑に5裂する

60%

愛媛県石鎚山（1400m）10月下

ナンゴクミネカエデ 🔴🟡 きれい

南国峰楓　*A. australe*　同科同属の低木。ミネカエデより葉先が長くのび、紅葉はふつう橙〜朱色。主に近畿以西の1500m級の山地に分布。東日本にも似た個体がある。数 ★

ムクロジ科 カエデ属
コミネカエデ ●●● きれい

小峰楓　*Acer micranthum*
小高木/高4–12m/対生

東京都奥多摩町（800m）11月上

高山に生えるミネカエデ（左頁）に似るが、葉がひと回り小さく、紅葉は赤系で、山地のブナ・ミズナラ林に生え、木が大きくなることがちがい。葉は複雑に5つに切れこみ、秋には鮮やかな橙〜朱赤色に紅葉して美しい。木全体がほぼ赤くなる個体もあれば、林内の暗い場所では木全体が黄色くなる個体もある。分 本–九。冷涼な山地の林。数 ★★ 似 ミネカエデの仲間は葉の形に変異があり、本州中部の深山には、本種やミネカエデとの中間的な形態をもつオオバミネカエデ（下）も見られる。

広島県冠山（1200m）11月上

▶鮮やかな赤色に紅葉した葉

◀葉先はのびる

◀大きな重鋸歯がミネカエデ類の特徴

60%

60%

◀黄葉した葉

基部の裂片の先がのびない

オオバミネカエデ ●●● きれい

大葉峰楓　関東–中部地方の2000m級の深山に見られる小高木。ミネカエデ類3種の中間的な葉の形で、葉も木も大型。紅葉は橙〜赤色。詳細な分類はわかっていない。数 ★

97

<small>ムクロジ科 カエデ属</small>
ウリハダカエデ ●●● きれい

瓜膚楓　*Acer rufinerve*
高木/高5-15m/対生

浅く3-5つに裂ける葉をもつカエデで、葉が広く大きいので、紅葉期にも存在感がある。紅葉は橙色が中心で、日当たりがよい部分ほど赤みが強く、ややくすんだ赤色だが逆光で見ると鮮やかで美しい。日陰ほど黄色くなる葉が増え、林内に生えた個体では木全体が黄色いものも多い。若い樹皮は緑色で黒い縦しまが入り、ウリやスイカの模様に似ることが名の由来。分 本-九。山地-低地。冷涼なブナ・ミズナラ林に多いが時に海岸林にも生える。数 ★★ 似 ホソエカエデ（右頁）と混同されやすい。

広島県廿日市市 冠山（800m）11月上

◀裏面の葉脈の分岐点に、茶色い毛のかたまりがあることが類似種との区別点

裏 100%

特にこい赤色に染まった葉（広島 11月）

葉柄は短かめで、上面に溝がある▶

70%

30%

葉は浅く3-5裂する

98

ムクロジ科 カエデ属
ホソエカエデ 🔴🟠🟡 きれい
細柄楓　*Acer capillipes*　対生
高木/高5–15m　別名ホソエウリハダ

ウリハダカエデ（左頁）にそっくりで、紅葉はややすんだ橙色や黒ずんだ紅色が多い。黄色っぽくなる個体もある。名は花の柄が細いため。分関東–近畿・四国。冷涼な山地。数★

神奈川県丹沢山（1100m）10月下

ムクロジ科 カエデ属
テツカエデ 🟡🟤
鉄楓　*Acer nipponicum*
高木/高4–20m/対生

珍しいカエデで山奥に生える。ウリハダカエデ（左頁）に似るが、葉が大きく、紅葉は黄一色で、次第にくすんで茶色くなる。葉裏は脈上などに毛がある。分本–九。冷涼な山地。数★

新潟県魚沼市（900m）11月上

葉は浅く3–5裂する

50%

葉柄は赤く、上面に溝がある

裏 100%
▲裏面は無毛。葉脈の分岐点に膜がある

40%

葉柄は長く、上面に溝はない▶

葉はふつう浅く5裂し、表面はしわが目立つ▼

40%

99

ムクロジ科 カエデ属
トウカエデ 🔴🔴🟡 きれい

唐楓　*Acer buergerianum*
高木/高5-15m/対生

東京都市ヶ谷駅前 植栽（20m）12月上

丈夫で暖地でも鮮やかに紅葉するので、街路樹として都会にも多く植えられている。全国の街路樹本数は、イチョウ、サクラ、ケヤキ、ハナミズキに次いで第5位。紅葉は赤〜橙色やこいピンク色が多いが、全体が黄色くなる個体もあり多様。条件がよいとまっ赤になり、下部の枝ほど黄色くなるので、グラデーションにもなり美しい。樹皮はあらく縦にはがれる。街路樹の樹形は枝を切られた姿（左写真）だが、自然樹形では大きく枝を広げる。分 中国原産。街路、公園、庭。数 ★★

ピンク色に紅葉した個体。神奈川県 植栽（500m）11月中

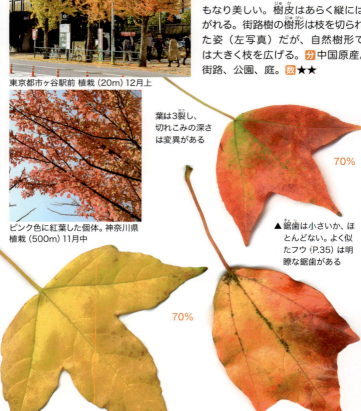

葉は3裂し、切れこみの深さは変異がある

70%

▲鋸歯は小さいか、ほとんどない。よく似たフウ（P.35）は明瞭な鋸歯がある

70%

▲切れこみの深い大型の葉。枝を切られた木に多く、鋸歯も目立つ

▲切れこみの浅い葉。老木に多い

ムクロジ科 カエデ属
ウリカエデ 🟠🟠🟡 きれい
瓜楓　*Acer crataegifolium*　対生
小高木/高4-10m　別名メウリノキ

暖地にも生えるカエデ。紅葉は黄色が中心で、日なたほど橙色に色づくこともある。若木や徒長枝など、個体によっては赤くなることもある。樹皮は緑色。
分 本-九。低地-山地。数 ★★

広島県廿日市市 (400m) 11月上

ムクロジ科 カエデ属
カラコギカエデ 🟠🟠🟡
鹿子木楓　*Acer tataricum*
小高木/高3-8m/対生

主に湿地に生える珍しいカエデ。紅葉はくすんだ赤〜橙色が多く、カエデ類の中では地味。根元から幹を多数出し、半球形の樹形になる。分 北-九。山地や高原の湿地や原野。数 ★

広島県八幡湿原 (800m) 10月下

▶成木の高い枝ではほとんど切れこまない葉が多い

70%

◀若木や根元の枝では浅く3裂する葉が多い

葉は不規則に3裂する縦長の形で、形に変異が多い

70%

☆日陰では黄色くなる個体もある

101

ムクロジ科 カエデ属
ハナノキ 🟠🟠🟡 きれい

花の木　*Acer pycnanthum*
高木/高7–20m/対生　別名ハナカエデ

東京都 多摩森林科学園 植栽 (200m)11月中

春に咲く赤い花が名の由来で、紅葉も美しい中部地方特産のカエデ。主に鮮やかな赤〜橙色に紅葉するが、日陰では黄色くなる葉が多く、木全体が黄色くなる個体もあり、カラフル。葉裏が白いことが特徴で、特に新鮮な落ち葉の裏面は白さが目立ち、赤・黄・白のコントラストが美しい。愛知県の木に指定され、名古屋駅前にも植えられている。分 長野・岐阜・愛知の谷沿いや湿地。時に公園、庭、街路、庭。数 ★ 似 ハナノキの名でアメリカハナノキ（下）が植えられることも多く、混同されている。

山梨県 植栽 (900m)11月中

◀赤くなった葉。ふつう浅く3つに切れこむ

▼黄葉した葉。ほとんど切れこまない葉も多い

70%

裏 70%

◀裏面は粉を吹いたように白い

アメリカハナノキ（カナダ 10月）

アメリカハナノキ 🟠🟠🟡

A. rubrum　別名ベニカエデ。同科同属。ハナノキに似るが葉が大きく横に広く、はっきり3裂する。紅葉は赤〜橙色が多く美しい。北米原産。時に公園、街路、庭。数★

ムクロジ科 カエデ属
カジカエデ ●●

梶楓　*Acer diabolicum*
高木/高7–20m/対生　別名オニモミジ

群馬県妙義山 (600m) 10月下

山奥に生えるカエデで、知名度も馴染みもなく、植えられることもまれだが、葉がカナダ国旗に描かれているサトウカエデ（下）に似ていて格好がよい。紅葉はふつう黄色で、時に赤みをおびて橙色に色づく個体もある。まっ赤に紅葉する個体は見かけない。華やかさはなくても、葉が大きいので山中で出会うと存在感がある。サトウカエデと同様に、幹からメイプルシロップが少量だが採れる。名前はカジノキ（P.64）の葉に似ていることから。分 本–九。山地の林や谷沿い。まれに公園。数 ★

▶橙色に紅葉した葉

▼色づき始めの紫色の葉

葉は3–5裂し、大ぶりの鋸歯がある

▲ふつうは黄一色

50%

☆カジカエデは両面全体に毛が生えるが、サトウカエデは無毛に近い

25%

サトウカエデ ●●● きれい

砂糖楓　*Acer saccharum*　同科同属。樹液はメイプルシロップの原料。紅葉は橙〜赤を中心に黄色にもなり鮮やか。カナダ国旗の図柄。北米原産。寒地で公園、街路。数 ★

103

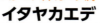

ムクロジ科 カエデ属
イタヤカエデ 🟡 きれい

板屋楓 *Acer pictum*
高木/高7–25m/対生

オニイタヤ。広島県安芸太田町（700m）11月上

カエデ類の中で特に大きくなる木で、黄葉がきれいな木の代表種。山地で個体数が多く、ハイキングで見かける機会も多い。成木はほぼ必ず、鮮やかな黄一色に紅葉する。若木や幼木では、時に一部の葉が橙色や淡い赤色に色づくこともある。葉の形や毛の有無に変異が多く、エンコウカエデ、オニイタヤ、アカイタヤ、エゾイタヤなどの亜種や変種に細分化され、これらを別種とする説もある。分 北–九。山地–低地。ブナ林からコナラ林まで広く生える。時に公園、街路。数 ★★

60%

◀ふちは波打っても、ギザギザ（鋸歯）はないことが特徴

40%

オニイタヤ 🟡
鬼板屋　浅く5–7裂し、裏面全体に毛がある。北–九。山地–低地

60%

エンコウカエデ 🟡
猿猴楓　中ほどまで5–7裂する。幼い木の葉はより深く裂ける。本–九。低地を中心に山地にも分布

◀例外的に橙色に紅葉した幼木の葉

40%

アカイタヤ 🟡
赤板屋　横長の葉で5裂する。北・本。日本海側に分布。

ムクロジ科 カエデ属
トネリコバノカエデ 🟡 地味

梣葉の楓　*Acer negundo*　対生
小高木/高5–12m　別名ネグンドカエデ

トネリコ類に似た葉をもつ寒地性のカエデ。紅葉はやや淡い黄色で目立たない。分 北米原産。庭、公園、街路。北海道に多い。庭木は葉に白斑が入る園芸品種（下写真）が多い。数 ★

斑入り。宮城県 植栽（30m）10月下

ムクロジ科 カエデ属
ミツデカエデ 🔴🟠🟡

三つ手楓　*Acer cissifolium*
高木/高5–15m/対生

3つに分かれた葉の形が名の由来。紅葉は主に黄〜橙色で、時に赤みをおびることもある。褐色化するのが早い印象もあり、カエデ類の中では地味。分 北–九。山地の林。数 ★

東京都 植栽（60m）11月下

◀鋸歯は少数あるか、ほとんどない

40%

▲葉は羽状複葉で、小葉はふつう5枚、時に3枚や7枚。小葉に切れこみが入ることが多い

60%

3つの小葉がセットになって1枚の葉を構成する形を三出複葉という

◀角張った大きな鋸歯がある

やや褐色化した葉▶

60%

105

ムクロジ科 カエデ属
メグスリノキ 🟠🔴🟡 きれい

目薬の木　*Acer maximowiczianum*
小高木/高5-15m/対生　別名チョウジャノキ

神奈川県丹沢山地（1000m）11月下

3枚セットの葉をもつ珍しいカエデで、樹皮を煎じた汁が目の疲労回復や洗浄に効果があるため、この名がある。紅葉は鮮やかなサーモンピンク〜朱赤色が多く、きれいで個性的。寒地や日なたほど非常に美しい紅葉が見られる。紅葉し始めは緑色とピンクが重なり、特有のくすんだ紫褐色に染まる。個体や環境によってはくすんだ橙〜赤色に紅葉するものもある。紅葉期は比較的遅く、晩秋。紅葉が美しい木として、近年は庭木に増えた。分 本-九。冷涼な山地。時に庭、公園。数 ★

栃木県 植栽（600m）11月上

▲木陰で淡い色に紅葉した個体。東京都千代田区植栽（20m）12月上

60%

100% 裏

◀葉柄や葉の裏面には剛毛が多く生える

葉は横に広い三出複葉。濃淡はあるがこのようなピンク色の紅葉が多い

▲鋸歯は低くてにぶい

106

ムクロジ科 カエデ属
チドリノキ 🟡🟤
千鳥の木　*Acer carpinifolium*　対生
小高木/高5–10m　別名ヤマシバカエデ

サワシバ（P.55）によく似た葉をもつカエデ。紅葉は黄色で鮮やかだが、褐色をおびる（褐葉）のが比較的早い。枯れ葉は枝に残りやすい。分 本−九。山地の谷沿いによく群生。数 ★★

茨城県筑波山（1100m）11月上

◀細い葉
40%
鋸歯は大小二重になる▼
褐葉し始めた葉▶
80%
☆葉はシデ類（P.54–55）に似るが、本種は対生することがちがい

ムクロジ科 カエデ属
ヒトツバカエデ 🟡 きれい
一つ葉楓　*Acer distylum*
小高木/高3–8m/対生

珍しいカエデ。紅葉は鮮やかなすんだ黄色で、日に当たると輝いて見え美しい。やや褐色化しやすい傾向がある。落ち葉は甘い香りを放つことがある。分 東北〜近畿。冷涼な山地。数 ★

山梨県河口湖町（1000m）11月上

つけ根は深く食いこむ▼
50%
▲葉の一部が褐色化することも多い
切れこみのないハート形の葉が名の由来。オオカメノキ（P.150）と似る

ムクロジ科 トチノキ属
トチノキ 🟡🟤 きれい

栃の木　*Aesculus turbinata*
高木/高10−30m/対生

山奥の渓谷林を代表する木で、大木になる。大きな手のひら形の葉が特徴で、秋は比較的早くに鮮やかな黄色に紅葉（黄葉）して目立つ。褐色化も早いため、樹上で次第に色がこくなり、茶色くなった葉（褐葉）を見る機会も多い。秋には大きな果実も熟して落ちる。初夏の花は白色。分 北−九。冷涼な山地の谷沿い。街路、公園。数 ★　似 園芸種のベニバナトチノキ（下）は、欧米産のアカバナトチノキとセイヨウトチノキ（マロニエ）の雑種。葉や丈が小型で、同様に黄葉し、庭や街路に植えられる。

山形県米沢市（900m）10月中

◀果実と種子
　（山口 11月）

小葉7枚または5枚からなる掌状複葉

35%

広島県 植栽（200m）11月上

ベニバナトチノキはふちにあらい重鋸歯がある ▼

35%

ベニバナトチノキ 🟡🟤
紅花栃の木　*A. × carnea*

◀鋸歯は目立たず、波状になる

ムクロジ科 ムクロジ属
ムクロジ 🟡 きれい

無患子　*Sapindus mukorossi*
高木/高7-20m/互生

果実にサポニンを含み、石けんのように泡立てて使えるため、昔は民家にもよく植えられた木。現在は珍しい木になった。秋は、大きな羽形の葉が、明るく鮮やかな黄色に紅葉して美しい。次第にやや褐色化して色こくなり、落ち葉も明るい褐色。ムクロジ科の木は、紅葉がきれいなものが多い。秋には径約2cmの果実も黄褐色に熟し、種子は羽根つきの球に使われた。分 関東–沖。低地の林。社寺、庭、公園。野生化もしている。数 ★ 似 葉はウルシ科のカイノキ（P.82）やハゼノキ（P.83）にも似る。

神奈川県 植栽（200m）12月上

東京都 植栽（10m）12月上

◀果実と種子（広島 12月）

▼先端の小葉はふつうない（偶数羽状複葉）

25%

小葉 60%

◀ふちにギザギザはない

◀新鮮な落ち葉。黄色をおびた明るい褐色

ばらけて落葉する

109

<ミカン科 サンショウ属>

サンショウ 🟡

山椒　*Zanthoxylum piperitum*
低木/高1–5m/互生　別名ハジカミ

紅葉はやや淡い黄色で、条件がよいと鮮やかな黄色になる。枝にトゲがある。果実は初秋に赤く熟す。分 北–九。低地–山地。庭、畑。数 ★★ 似 イヌザンショウも同様に黄葉する。

東京都 植栽（50m）12月上

<ミカン科 サンショウ属>

カラスザンショウ 🟡

烏山椒　*Zanthoxylum ailanthoides*
高木/高5–15m/互生

暖地に多い先駆性樹木で、枝をななめ上に大きく広げる。紅葉はやや淡い黄色で、緑色がなかなか抜け切らず、黄緑色に見える葉も多い。分 本–沖。海辺–低山の明るい場所。数 ★

山口県光市（50m）12月上

小型の羽状複葉で、葉全体の長さは10cm前後

葉先はくぼむ▼

80%

☆サンショウのトゲは対生し、イヌザンショウのトゲは互生

◀もむと山椒の香りがある▶

80%

葉は大型の羽状複葉で、葉全体の長さは50cm前後。右は1枚の小葉▶

葉緑素が完全に抜けていない葉。ふちに細かい鋸歯がある▶

若木の黄葉。幹にトゲがある。
山口県下関市（30m）12月下

110

ミカン科 コクサギ属
コクサギ ●●○

小臭木　*Orixa japonica*
低木/高1–4m/互生

暗い林内によく生え、白に近い淡い黄色に黄葉した姿をよく見る。日なたの個体では淡い赤〜橙色に紅葉することもある。分 本–九。主に山地の谷沿いや岩場。関東に多い。数 ★★

茨城県つくば市（20m）11月上

先に近い方で幅広くなる形▶

◀次第に褐色化する

60%

◀赤く紅葉し始めた葉

40%

アオイ科 アオギリ属
アオギリ ●●

青桐　*Firmiana simplex*
小高木/高4–12m/互生

紅葉はやや淡い黄色で、フォーク形の大きな葉は存在感があるが、褐色をおびるのが比較的早い。若い幹は緑色。分 中国原産、東海–沖縄の海辺。公園、街路、庭。数 ★

東京都 植栽（5m）12月下

葉はふつう5つに切れこみ、鋸歯はない

▲果実も秋に褐色に熟す（東京 9月）

40%

111

アオイ科 シナノキ属
シナノキ 🟡

科の木 *Tilia japonica*
高木/高7〜25m/互生

山の多い木。条件がよいとすんだ黄色に紅葉するが、褐色に傷みやすい印象もある。分 北〜九。冷涼な山地。公園、街路。数 ★★ 似 同属のボダイジュ、オオバボダイジュも黄葉する。

福岡県 植栽（100m）11月下

▶少し褐色化した葉

70%

葉はややゆがんだハート形

▲しばしば左右非対称の形

◀▲葉先が突き出る

60%

◀▼葉脈が赤くなる傾向がある

葉は横広の形で独特

アオイ科 フヨウ属
ハマボウ 🟠🟠🟡 きれい

浜朴 *Hibiscus hamabo*
低木/高1〜3m/互生

南方系の珍しい木。紅葉は橙色が中心で、条件がよいと紫〜赤〜黄色が入り交じり、グラデーションにもなり非常に美しい。分 関東〜九。海辺の湿地。まれに庭、公園。数 ★

山口県 植栽（20m）12月上

112

キブシ科 キブシ属
キブシ 🟠🟠🟡

木五倍子　*Stachyurus praecox*
低木/高2-4m/互生

岐阜県郡上市 大日ヶ岳（900m）10月中

雑木林によく点在して生え、早春にぶら下げる薄黄色の花で知られる。秋の紅葉は、くすんだ橙色や黄一色のことも多いが、しばしば紫、こい赤、橙、黄、時にピンク、それに緑の葉も残り、カラフルできれいに見えることがある。緑色が抜けにくいため、色がにごる傾向が強く、逆光で鮮やかに見えても手に取ると地味なことも多い。来年の花芽が長い穂になってつく。雌株は、黄緑色の果実がブドウの房状にぶら下がる。分 北-九。低地-山地の林や谷沿い。時に庭、公園。数 ★★

神奈川県丹沢山地（800m）10月下

果実（神奈川 10月）

▼葉身の基部は少しハート形

葉は卵形で、大小の変異が多い

60%

60%

▲ここまできれいなピンク色は珍しい

113

ミツバウツギ科 ミツバウツギ属

ゴンズイ ●●●

権萃　*Staphylea japonica*
小高木/高3-8m/対生

秋に、こい紫色になった葉を見ることが多いのが本種の特徴。最終的にはくすんだ橙〜暗い赤色に紅葉することが多いが、赤色の色素ができ始めても、葉裏の緑色の色素（葉緑素）がなかなか抜けないため、赤と緑が重なって紫色に見える期間が長い。寒さに当たると緑色が抜けやすいが、本種は暖地性の木で、落葉直前まで光合成を続けようとするのだろう。日陰では緑色が抜けやすく、全体が黄色くなる個体も多い。秋は赤と黒の果実も目立つ。分 関東-沖。低地の明るい林。数 ★★

山口県光市（50m）11月下

▲果実

◀紫色の小葉　◀裏は緑が残る　裏

緑色が抜けた小葉▶　裏

緑色がかなり抜けた葉（山口 11月）

40%

葉は3枚セットの三出複葉

ミツバウツギ ●

三つ葉空木　*S. bumalda*　同科同属の低木。対生。紅葉は淡い黄色で、緑色が抜けにくく黄緑色に見えることも多い。秋は逆ハート形の茶色い果実もぶら下がる。北-九。山地の谷沿い。数 ★★

▶光沢が強く、日なたの葉は反り返ることが多い

50%

114

ミソハギ科 サルスベリ属
サルスベリ 🟠🟠🟡 きれい

猿滑、百日紅　*Lagerstroemia indica*
小高木/高3–8m/互–対生　別名ヒャクジツコウ

すべすべの幹と真夏の花が有名だが、秋の紅葉もなかなか美しい。橙〜こい赤色に紅葉し、日陰ほど黄色くなる。紅葉し始めの紫色が残る期間も長い印象があるが、緑色がきれいに抜けると、すんだ赤〜黄色になりとても鮮やか。暖地性の樹木なので、沖縄のような亜熱帯地方でも鮮やかに紅葉する。秋には茶色く丸い果実も熟し、6つに裂けて長く枝に残る。分 中国南部〜ヒマラヤ原産。庭、公園、社寺、街路。数★★ 似 よく似たシマサルスベリ（下）との雑種も植えられている。

紅葉と果実。千葉県 植栽 10月下

三重県 植栽（5m）11月上

70%

◀ 葉先は丸い
かくぼむ ▼

◀ 葉柄はサルスベリより長い

葉先はとがる

70%

葉柄は非常に短い ▶

70%

シマサルスベリ 🟠🟠🟡 きれい

島猿滑　*L. subcostata*　同科同属の高木。サルスベリに似るが、葉も丈もより大きくなる。紅葉は同様に橙〜赤色が多く鮮やか。屋久島〜奄美原産。公園。数★

115

紅葉コラム 8
常緑樹の紅葉

常緑樹は紅葉しない、と思ったら大まちがいだ。常緑樹の葉の寿命は通常2〜4年前後で、主に春〜初夏や秋に古い葉を少しずつ落としており、その際に赤や黄色に紅葉する様子が見られる。落葉樹とちがい、一斉に落葉しないから目立たないだけだ。一方、ナンテン類や針葉樹（P.19）のように、冬に葉が赤くなり、夏にまた緑色にもどる常緑樹もある。これは厳密な紅葉とは異なり、寒さで光合成の活性が下がった葉を日光から守るため、一時的に赤い色素でおおっている状態と思われる。それらも含めて、常緑樹のきれいな紅葉を紹介しよう。

クスノキ ●● クスノキ科の高木。晩春に若葉が出ると同時に、古い葉が赤く紅葉して多数落ちる。葉は3脈が目立つ（神奈川 4月）

ホルトノキ ●● ホルトノキ科の高木。一年を通じて、赤く紅葉した古い葉が枝の基部に少数見られる。赤い落ち葉も目立つ（鹿児島 5月）

シャリンバイ ●● バラ科の低木。植えこみなどで古い葉がまっ赤に紅葉して落ちる様子が、花が咲く晩春に特に目立つ（神奈川 5月）

クチナシ ● アカネ科の低木。花の咲く晩春〜初夏や秋頃に、枝の下部の少数の古い葉が、鮮やかに黄葉して落ちる（沖縄 4月）

ユズリハ ● ユズリハ科の小高木。晩春に若葉が出ると同時に、枝の下部の古い葉が黄葉し、世代を「譲る」ように見える（山口 5月）

カクレミノ ●●● ウコギ科の小高木。秋〜冬に古い葉が鮮やかな橙〜黄色に紅葉する。3裂する葉と不分裂の葉がある（愛知 12月）

サンゴジュ 🔴🔴🔴 ガマズミ科の小高木。秋〜冬に古い葉や日なたの葉が赤く色づき、緑や黄色とのまだら模様にもなる（愛知 12月）

ヒラドツツジ 🔴🔴🟡 ツツジ科の低木の園芸種。枝先の葉は緑色のまま越冬し、下部の葉は黄〜赤色に紅葉し時に鮮やか（神奈川 12月）

テイカカズラ 🔴🔴 キョウチクトウ科のつる性樹木。古い葉がまっ赤に紅葉する。冬に赤くなり、夏に緑に戻る葉もある（岐阜 10月）

サネカズラ 🔴🔴 マツブサ科のつる性樹木。冬に日なたの葉が深紅に色づき、緑色とまだら模様にもなる。別名ビナンカズラ（山口 12月）

ナンテン 🔴🔴 メギ科の低木。冬に日なたの葉が赤くなり、赤い実とともに目立つ。古い葉も赤く紅葉する。中国原産（熊本 1月）

オタフクナンテン 🔴🔴 メギ科の小低木。ナンテンの園芸品種。葉がよく赤くなり、特に冬は鮮やか。別名オカメナンテン（大阪 10月）

ヒイラギナンテン 🔴🔴🟡 メギ科の低木。中国原産。トゲのある羽状複葉で、冬に日なたの葉が赤〜橙に色づき鮮やか（神奈川 3月）

タイリンキンシバイ 🔴🔴 オトギリソウ科の低木。園芸種。古い葉や日なたの葉が冬に赤や紫に色づく。別名ヒペリカム・ヒドコート（山口 2月）

117

アジサイ科 アジサイ属
アジサイ 🔴🟠🟡 地味

紫陽花 *Hydrangea* spp.
低木/高0.5–2m/対生

紅葉は黄〜くすんだ橙色が中心で、日当たりがいいと紫〜赤みをおびるが、緑色が抜けにくい。ガクアジサイとヤマアジサイの交雑で多くの品種がある。
分 園芸種。庭、公園。数 ★★

山口県 植栽（15m）11月下

アジサイ科 アジサイ属
コアジサイ 🟡 きれい

小紫陽花 *Hydrangea hirta*
低木/高0.5–1.5m/対生

黄葉の鮮やかさはピカイチで、暗い林内でもきれいな黄色に紅葉し、華やかさがある。明るい黄色から、こい黄色まで見られる。分 関東–九。山地–低地の林。時に庭。数 ★★

こい色。岐阜市金華山（50m）12月下

葉緑素が分解されないとこのような紫褐色で、分解されると橙色になる▶

50%

▶特に鮮やかに紅葉した葉。緑色が抜けていない（山口 12月）

◀大きな鋸歯で見分けやすい

70%

▲こい黄色の葉

60%

◀明るい黄色の葉

アジサイ科 アジサイ属
カシワバアジサイ 🟠🟠🟡 きれい

柏葉紫陽花　*Hydrangea quercifolia*
低木/高0.5–2m/対生

近年、庭木に増えた。独特の形に切れこむ大型の葉が、紅紫～ピンクや、赤～橙色に紅葉して目立つ。緑色がきれいに抜けると非常に鮮やか。分 米国原産。庭、公園。数 ★

神奈川県山北町（300m）10月下

アジサイ科 アジサイ属
ノリウツギ 🟡

糊空木　*Hydrangea paniculata*
小高木/高2–5m/対生　別名サビタ

紅葉はこい黄色で、まずまず鮮やか。寒地の道沿いなどで目につく。アジサイの仲間で、茶色くなった装飾花が冬まで枝に残る。分 北–九。山地の明るい場所。時に庭、公園。数 ★★

岐阜県 三方岩岳（1500m）10月中

葉は1–3対の切れこみが入り、長さ20cm前後　50%

▼特に色がこい黄葉　40%

60%

◀葉柄は長めで赤い

◀右上の果実の周囲に装飾花の花がらが残る（岐阜 10月）

119

アジサイ科 アジサイ属
イワガラミ 🟡 地味
岩絡み　*Hydrangea hydrangeoides*
つる性樹木/高1-15m/対生 別名ユキカズラ

気根を出し木の幹や岩に登る。紅葉は淡い黄色で、目立たないが上品な印象。装飾花（花びらは1枚）の残骸が残る。分 北-九。山地-低地の林。数★★ 似 ツルアジサイも淡く黄葉。

広島県廿日市市 (900m) 10月下

アジサイ科 アジサイ属
コガクウツギ 🟠🟠🟡
小額空木　*Hydrangea luteovenosa*
低木/高0.5-1.5m/対・束生

紅葉は黄色くなる葉が多いが、枝先など少数の葉が赤紫～くすんだ橙色に色づくことが多く、緑色の葉も交じってカラフルに見える。分 東海-九。低地-山地の林。数★★

山口県光市 (10m) 11月下

50%
葉は三角〜ハート形

25%
ツルアジサイ 🟡
蔓紫陽花　*H. petiolaris*
同科同属。装飾花の花びらは4枚。北-九。冷涼な山地。数★★

▲褐色化した葉。葉は丸く、鋸歯がイワガラミより多い

80%
◀部分的に赤い色素ができるが、葉緑素も分解されにくいので紫色に見える▼

▲コガクウツギはガクウツギより葉が小型で細い

80%
ガクウツギ 🟠🟡 地味
額空木　*H. scandens*
同科同属。別名コンテリギ。紅葉は淡い黄色、時に橙。関東-九。山地。数★

120

アジサイ科 ウツギ属
ウツギ ●●● 地味
空木 *Deutzia crenata*
低木/高1-3m/対生　別名ウノハナ

紅葉はやや淡い黄色。刈られた個体などで若い枝葉があると、しばしば鮮やかな橙〜赤系に色づく。茶色い果実も秋に熟す。分 北〜九。低地〜山地の陽地。時に庭、公園。数 ★★

兵庫県上郡町（150m）12月上

アジサイ科 ウツギ属
マルバウツギ ●●● きれい
丸葉空木 *Deutzia scabra*
低木/高1-2m/対生

紅葉は主に橙〜朱色で、時に赤色に近く、下部の葉は黄色っぽくなる。林内でも比較的鮮やかに色づく。分 関東〜九。低地〜山地の林。数 ★★ 似 同属のヒメウツギも橙〜赤系の紅葉。

東京都奥多摩町（400m）12月中

◀葉の表面はざらつき、鋸歯はあまりとがらない

鮮やかに紅葉したウツギの徒長枝（勢いよくのびた枝）の葉（山口 12月）

80%

ヒメウツギ ●●●
姫空木 *Deutzia gracilis*
ウツギに似るが葉がすべすべ。本〜九。岩場や谷沿い。庭。数 ★★

鋸歯はやや鋭い▶

80%

▶マルバウツギは葉が広く、葉脈がくぼんで目立つ

121

ミズキ科 ミズキ属
ハナミズキ ●● きれい

小高木/高3-8m/対生　花水木　*Cornus florida*　別名アメリカヤマボウシ

1990年代頃から人気が出た花木で、庭木や街路樹にも多く植えられている。春の花だけでなく、秋の紅葉や果実も美しく、他種より早く紅葉し始めるのでよく目立つ。夏の終わり頃から葉がこい紫色に色づき始め、緑色がきれいに抜けないことも多いので、こい赤〜深紅色の紅葉が多い。順光だとやや暗い色に見えるが、逆光では鮮やかに透けて美しい。果実も紅葉に先駆けて赤くなり、落葉後も枝によく残る。樹皮はカキノキのようにあみ目状に裂ける。分 北米原産。庭、公園、街路。数 ★★★

山口市 植栽 (50m) 10月下

▲果実（神奈川 10月）

▶グラデーションになった葉。緑の部分は別の葉の陰になっていた

70%

松江市 (5m) 11月中

▼茶色い部分は褐葉が始まっている

50%

裏

▲葉緑素が完全に分解された葉は赤く見える

▲▶紫色の葉は裏返すと葉緑素が残っている。赤と緑が重なり紫に見える

ミズキ科 ミズキ属

ヤマボウシ ●●● きれい

山法師　*Cornus kousa*
小高木/高3–10m/対生

ハナミズキと葉も樹形もよく似ており、梅雨の頃の白花が爽やかで、近年は庭木や緑化樹として人気がある。紅葉はくすんだ橙～こい赤色が中心で、なかなか美しい。日なたの若木など、条件がよいと鮮やかな赤～深紅色になり、特に太陽に透かして逆光で見るときれいだ。しばしば、緑や橙、黄色の葉に赤い斑点模様が入り、彩りを増す。日陰の葉ほど黄色くなる。秋に赤く熟す果実はハナミズキより大きく、食べられる。分 本-沖。山地の林や尾根。庭、公園、街路。数 ★★

果実
広島県 植栽（600m）10月上

岐阜県 植栽（50m）10月下

☆サンシュユは葉裏の側脈の分岐点に黒い毛のかたまりがある

70%

葉は丸みが強く、ふちは細かく波打つ▼

70%

◀ここは右の葉が重なっていた部分。日陰は黄色くなることがわかる

◀赤い斑点の入ったヤマボウシ

40%

サンシュユ ●●● 地味

山茱萸　*C. officinalis*　同科同属。紅葉は暗い橙色が多く、華やかな印象はない。雌株にはグミに似た赤い実がなる。中国原産。庭、公園。数★

123

ミズキ科 ミズキ属
ミズキ ●●○

水木　*Cornus controversa*
高木/高10–20m/束–互生

紅葉は黄〜淡い橙色が中心だが、傷んで黒〜茶色のまだら模様ができることも多い。分 北–九。山地–低地の林。数 ★★
似 同属のクマノミズキ（右）の紅葉は、より地味な印象。

神奈川県秦野市（100m）11月下

◀部分的に赤くなる葉も見られる

70%

クマノミズキ ●● 地味

熊野水木　*C. macrophylla*
葉は対生。紅葉はくすんだ黄〜橙色。本–九。暖地に多い。数 ★★

30%

ミズキ科 ウリノキ属
ウリノキ ● 地味

瓜の木　*Alangium platanifolium*
低木/高2–4m/互生

暗い林内にひっそりと生えることが多い雑木。紅葉はやや淡い黄色。地味な印象だが、葉が大きいので、きれいに色づくとそこそこ目立つ。分 北–九。山地の林内。数 ★

広島県廿日市市（800m）11月上

▼葉は浅く3–5裂する。西日本には葉が深く切れこむ品種モミジウリノキも見られる

☆葉が似たアカメガシワ（P.45）は陽地に生える

50%

カキノキ科 カキノキ属
カキノキ 🟠🟠🟡

柿の木　*Diospyros kaki*
小高木／高5–12m／互生　別名カキ

神奈川県秦野市 植栽（150m）11月中

秋を代表する果樹で、古くから栽培される。紅葉は鮮やかな橙色が中心で、条件がよいと日なたはこい赤色になり、樹冠内部の日陰ほど黄色っぽくなる。最大の特徴は、目玉のような斑点模様ができること。これは菌による病気で枯れた部分が褐色化し、その周辺が黒くなり、さらに外側が紅葉せず緑色が残るため生じる。大半の個体で見られ、きれいというより奇妙だが、本種の個性になっている。落葉は比較的早く、果実だけが枝に残る。**分**中国原産。庭、畑。時に山野に野生化。**数**★★

30%

◀斑点が特に多い葉

葉脈に沿って四角く黒茶色になるのは角斑落葉病

丸く褐色化しその周囲に緑色が残るのは円星落葉病

30%

半日陰で斑点が少ない葉

75%

葉はだ円形でやや厚く、表面は光沢が強い。裏は主脈沿いに毛が生える

125

ツバキ科 ナツツバキ属
ナツツバキ ●●●●● きれい

夏椿 *Stewartia pseudocamellia*
小高木/高5–15m/互生　別名シャラノキ

初夏の白い花や、まだら模様の樹皮が美しいことで知られ、秋の紅葉も赤系で見映えがする。山奥に生える木で、2000年頃から庭木として都市部でも増えた。紅葉は橙色が中心で、しばしば赤色にもなり、日陰の黄色い葉も入り交じって美しい。ただし、緑色が抜けにくい場合や、茶色くにごりやすい傾向があり、逆光で見ると鮮やかでも、順光では茶色くくすんで見えることも多い。果実は秋に茶色く熟し、枝に長く残る。分 本–九。冷涼な山地の林や尾根。庭、公園。数 ★★

神奈川県 植栽（300m）10月下

岐阜県 植栽（500m）10月下

▲樹皮がはがれ、褐色や橙、灰色のまだら模様になる

鋸歯はあまりとがらない▼

60%

▶ややくすんだ橙色が多い

葉脈がくぼんで目立つ

90%

126

ツバキ科 ナツツバキ属
ヒメシャラ 🟠🟠🟡🟤
姫沙羅 *Stewartia monadelpha* 互生
小高木/高5–15m 別名コナツツバキ

紅葉は橙〜赤系だが、ナツツバキ同様に茶色くくすみやすく、逆光で見ると鮮やか。樹皮ははがれて橙色になる。分 関東–九。冷涼な山地の林。庭、社寺、公園。数 ★

栃木県 植栽（120m）12月上

マタタビ科 マタタビ属
サルナシ 🟡🟤
猿梨 *Actinidia arguta* 互生
つる性樹木/高3–15m 別名コクワ

紅葉は鮮やかな黄色。緑色が抜けにくい傾向はあるが、日なたほど色がこく目立つ。雌株につく果実は美味。分 北–九。山地の明るい場所。数 ★ 似 同属のマタタビも黄葉するが地味。

長野県大鹿村（1600m）10月上

◀ここまで赤い葉は珍しい　▼褐葉し始めた葉

70%

▲日陰部分は黄色い

◀冬芽の芽鱗は5–6枚。よく似たヒコサンヒメシャラは2枚

葉はハート形〜だ円形▶　　葉柄は赤い▼

60%

◀次第に褐色化する

127

エゴノキ科 エゴノキ属
エゴノキ 🟡
えごの木　*Styrax japonicus*
小高木/高5-12m/互生　別名チシャ

紅葉は淡い黄色で、緑色が抜けきらないうちに早く落葉することも多く、目立たない。サクランボ状の果実は、秋に茶色く熟し裂ける。分 北-沖。低地-山地の林。庭、公園。数 ★★

東京都 植栽 (10m) 12月下

エゴノキ科 エゴノキ属
ハクウンボク 🟡🟤
白雲木　*Styrax obassia*
小高木/高5-12m/互生

紅葉は淡い黄色で、緑色が抜けにくく、褐色化も早い傾向。葉がまん丸で大きいので存在感はある。果実も秋に茶色に熟す。分 北-九。山地の林。時に公園、街路。数 ★

岐阜県白川村 (400m) 10月下

落葉して褐色化した葉▶

70%

ふちの鋸歯は目立たず、とがらないことが多い▼

葉柄の基部がふくらみ、冬芽を包む▼

33%

▲葉先が突き出て、他の部分も所々、鋸歯が突き出る

25%

▶時に鋸歯がほぼない葉もある

リョウブ科 リョウブ属
リョウブ ●●●

令法　Clethra barbinervis
小高木/高2–10m/束–互生

三重県大台町 大台ヶ原（1600m）11月上

愛媛県西条市 瓶ヶ森（1600m）10月下

山の尾根によく生えている木で、樹皮がはがれてまだら模様になる幹が特徴。葉は比較的大きく、枝先に集まってつく。紅葉はややくすんだ橙～黄色が多いが、条件がよいとしばしば鮮やかな橙～赤色に色づく。特に若木で赤系の美しい紅葉を見かける。秋は長さ10–20cmの果実の穂が茶色く熟し、枝に長く残る。分 北–九。低地–山地の尾根や乾いた林。まれに公園、庭。数 ★★ 似 近年は米国原産のアメリカリョウブが時に庭木にされる。葉は小型で、紅葉は比較的鮮やかな黄色。

▼特に鮮やかな葉
60%

葉先に近い方で幅が広くなる形

◀樹皮はまだら模様になる

◀茶色くなりやすい傾向もある

60%

129

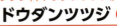

ドウダンツツジ

ツツジ科 ドウダンツツジ属

きれい ●●●

灯台躑躅、満天星躑躅 *Enkianthus perulatus*
低木/高1–3m/束–互生

鮮やかな紅葉が多いツツジ科の中でも、ひと際美しい。暖かい都市部でも鮮やかに紅葉するので、暖地で多く植えられ、木全体がまっ赤に染まった植えこみをよく見る。日当たりのよい場所ではすんだ赤色、日陰では橙〜黄色に紅葉し、グラデーション状にもなる。果実が一つずつ上向きにつくことが、類似種とのちがい。分 関東–九州。低地の岩場に生えるが自生個体はごくまれ。各地で公園、庭、生垣にふつう。数 ★★★ 似 寒地では葉がひと回り大きいサラサドウダン（右頁）がよく植えられる。

京都市 植栽 (200m) 11月下

ドウダンツツジ類は枝先に5〜7枚前後の葉が集まってつく

80%

▼ふちに細かい鋸歯がある

▲こく鮮やかな赤色の紅葉も多い

◀日陰ほど淡い色

規則正しい枝の分岐が特徴

果実。山口県 植栽 (200m) 11月下

130

ツツジ科 ドウダンツツジ属
ベニドウダン 🔴🟠🟡

きれい

紅満天星 *Enkianthus cernuus*
低木/高1–3m/互・束生　別名チチブドウダン

冷涼な岩山に生える。ドウダンツツジとそっくりで、紅葉はまっ赤で鮮やか。花が赤く（白色は品種シロドウダン）、果序が下向きに出ることがちがい。分 関東–九。山地の岩場。数 ★

山梨県昇仙峡（1000m）11月上

ツツジ科 ドウダンツツジ属
サラサドウダン 🔴🟠🟡

きれい

更紗灯台 *E. campanulatus* 束・互生
低木/高1–5m　別名フウリンツツジ

寒地性のドウダンツツジで葉が大きい。紅葉はより明るい色が多く、日なたほどすんだ赤〜橙、鮮やかな黄色に色づき、非常に美しい。分 北–九。冷涼な山地の岩場。庭、公園。数 ★★

山形県蔵王（1300m）10月中

☆よく似た同属のアブラツツジ（東北–中部）やコアブラツツジ（東海–四国）も山地の岩場に生え、赤く紅葉する。これらの果実は下を向く

80%

▶紅葉し始めは赤黒くなる

◀果序は下向きに出て果実は上を向く

葉の幅はドウダンツツジの2倍程度

▲サラサドウダンの果序。下向きに出て果実は上を向く

80%

▶黄色く紅葉する個体もある

131

ツツジ科 ホツツジ属

ホツツジ ●●● きれい

穂躑躅　*Elliottia paniculata*
低木/1-2m/束-互生

枝の下部は黄色い紅葉が多いが、日なたほど赤みをおび、しばしばグラデーションになり美しい。夏に白い花が穂状に咲き、秋まで残ることがある。分 北-九。山地の岩場。数 ★

◀傷んで茶色くなった葉

葉はひし形状。葉脈がくぼんでしわになる

80%

▼日陰の葉。先は丸い

山梨県瑞牆山（1800m）10月中

枝先に上向きの果序がつく。富山県立山（1800m）10月上

ツツジ科 ツツジ属

レンゲツツジ ●●● きれい

蓮華躑躅　*Rhododendron molle*
低木/高0.5-2m/束-互生　別名オニツツジ

寒地の代表的なツツジ。紅葉は日なたでは赤色で目立ち、日陰では黄色。有毒で家畜が食べないので牧草地にも多い。分 本-九。冷涼な山地や高原。庭、公園。数 ★★

80%

葉は細長いヘラ形でしわが目立つ

▶林内の個体は紅葉の色がうすく、黄色が多くなる（長野 10月）

長野県乗鞍高原（1500m）10月中

ツツジ科 ツツジ属
アカヤシオ きれい

赤八汐、赤八染　*Rhododendron pentaphyllum*
低木/高2-5m/束–互生　別名アケボノツツジ

アカヤシオ。三重県御在所岳（1100m）10月下

山奥の岩山に生える木で、登山客の間では花も紅葉も一定の人気がある。葉は枝先に5枚が集まってつき、ドウダンツツジ（P.130）を大きくした印象。秋はややくすんだ赤〜橙色に紅葉し、茶色くにごりやすい印象があるが、逆光だと特にきれいに見える。春の花はピンク色。西日本に分布するものは変種アケボノツツジと呼ばれるが、ほとんど同じ。分 本–九。冷涼な山地の岩場。まれに庭。数★ 似 花が白いシロヤシオ（下）、紫色のムラサキヤシオ（下）があり、総称でヤシオツツジとも呼ばれる。

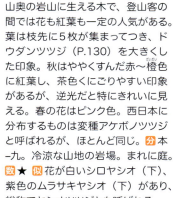
茶色くなり始めたアケボノツツジ
◀葉のふちや葉柄に長い毛がある
100%

アケボノツツジ。
愛媛県石鎚山（1600m）10月中

奈良県大台ヶ原（1600m）11月上

シロヤシオ きれい
白八汐　*R. quinquefolium*　別名ゴヨウツツジ、マツハダ。紅葉は赤橙色で鮮やかだが、茶色くくすみやすい。アカヤシオより葉柄と毛が短い。東北–近畿・四国の冷涼な岩山。数★

長野県乗鞍高原（1600m）10月中

ムラサキヤシオ
紫八汐　*R. albrechtii*　別名ミヤマツツジ。葉はやや長いひし形状で、しわが目立つ。紅葉はややこいめの黄色。花は紅紫色。北海道–北陸の冷涼な山地の林。数★

133

ツツジ科 ツツジ属

バイカツツジ 🟠🟠🟡 きれい

梅花躑躅 *R. semibarbatum* 低木/束–互生

日なたでは赤みをおび、日陰ほど黄色。枝先の小型の葉は越冬。分 北–九。山地の岩場。数 ★

広島県廿日市市 (700m) 10月下

モチツツジ 🟠🟠🟡

餅躑躅 *R. macrosepalum* 低木/束–互生

枝の下部の葉が、時に鮮やかな橙〜赤色に紅葉する。分 中部地方–岡山。低山。数 ★★

三重県伊賀市 (100m) 11月上

ヤマツツジ 🔴🟠🟡 地味

山躑躅 *R. kaempferi* 低木/束–互生

黄〜橙、時に赤く紅葉するが目立たない。分 北–九。低地–山地。数 ★★★

茨城県鹿嶋市 (40m) 1月上

◀▶日なたの葉

80%

日陰の葉▶

▲葉柄は他のツツジ類より長く、腺毛（粘液を分泌する毛）がある

80%

▲秋に返り咲きすることも多い（三重 11月）

枝先の葉は越冬する（半常緑樹）

葉柄や葉裏に粘る毛（腺毛）が多い

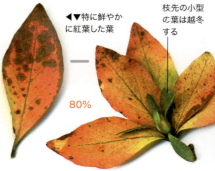

◀▶特に鮮やかに紅葉した葉

枝先の小型の葉は越冬する

80%

134

ツツジ科 ツツジ属
ミツバツツジ類 ●●●
三つ葉躑躅　*Rhododendron* spp.
低木/高1–3m/束–互生

紅葉はくすんだ橙〜こい赤色が多く、逆光だと鮮やか。ホンミツバツツジ、深山のトウゴクミツバツツジ、西日本のコバノミツバツツジなど種類が多い。分 北–九。庭、公園。数 ★★

神奈川県 植栽（250m）10月下

枝先に3枚ずつ葉がつくことが特徴

◀▲日なたのホンミツバツツジの紅葉

日陰のコバノミツバツツジの黄葉（三重県 11月上）▶

100%

ツツジ科 ネジキ属
ネジキ ●●●●
捩木　*Lyonia ovalifolia*
小高木/高2–7m/互生

橙〜くすんだ赤色に紅葉する。褐色化しやすい傾向があるが、条件がよいと美しい赤色に染まる。名は樹皮の縦裂けがねじれるため。分 本–九。低地–山地の尾根。まれに庭。数 ★

山口県防府市（100m）11月中

ふちに鋸歯はない▶

100%

日なたの枝や冬芽は赤くて鮮やか▶

40%

135

ツツジ科 オキシデンドラム属
スズランノキ ● きれい
鈴蘭の木　*Oxydendrum arboreum*
小高木／高3-8m／互生

世界三大紅葉樹（P.153）に数えられ、深紅〜赤色の紅葉が美しい。花は白色でスズランやネジキに似る。珍しい木で、見る機会は少ない。分 米国原産。庭、公園。数 ★

広島県 植栽（700m）11月上

ツツジ科 スノキ属
ブルーベリー ●● きれい
Blueberry　*Vaccinium* spp.
低木／高1-3m／互生　別名ヌマスノキ

果樹だが、秋は深紅〜赤色に紅葉して鮮やか。暖地では冬も紅葉が残ることがある。複数種から作られた園芸品種が多数あり、紅葉の傾向は異なる。分 北米原産。庭、畑。数 ★★

山口県 植栽（150m）12月上

葉は長さ10-15cm前後でほぼ無毛。うすい質感

ふちに細かい鋸歯が並ぶ▶

70%

▶秋は長い穂に小さな茶色い実がつく（広島11月）

◀両面無毛ですべすべ

100%

ふちはごく細かい鋸歯があるか、ない▶

◀まだ葉緑素が脈沿いに残っている葉

100%

葉柄はほとんどない

ツツジ科 スノキ属
ナツハゼ 🟠🟠🟡 きれい

夏櫨　*Vaccinium oldhamii*　互生
低木/高1–3m　別名ゴンスケハゼ

夏の葉や若葉もしばしば赤みをおび、それをハゼノキに見立てた名。秋の紅葉はややくすんだ赤〜橙色。渋い美しさで人気がある。分 北–九。低地–山地の尾根や岩場。時に庭。数 ★

山口県長門峡（200m）11月中

ツツジ科 スノキ属
ウスノキ 🟠🟠🟡

臼の木　*Vaccinium hirtum*　互生
低木/高0.5–2m　別名カクミノスノキ

低山から高山まで生える小さな木。はじめ暗い紫色、後に赤く紅葉し、特に高山では鮮やか。秋は赤い果実も熟す。分 北–九。低地–高山。数 ★ 似 よく似たスノキ（P.138）は実が黒い。

愛媛県石鎚山（1800m）10月中

▶果実は紅葉前から熟し始め、食べられる（山口 11月）

100%

裏

表面とふち▶にかたい毛がありざらつく

まだ裏に葉緑素が残る葉▲

◀葉柄は短い

▲果実は先がくぼみ、うすのような形（富山 10月）

▼紅葉し始めの葉

100%

◀ふつう表面に毛はない

137

紅葉コラム 9

高山植物の紅葉

高山の紅葉の美しさは別格だ。標高2000m級の山に登って森を抜けると、背の低い高山植物からなるお花畑のような風景が広がる。厳しい環境に育つ植物は限られ、植生はかなり単調。ここでは、そんな背の低い高山植物の紅葉の代表種を紹介しよう。赤色が最も目立つのは、よく群生するチングルマだろう。ツツジ科スノキ属の木々（クロマメノキ、クロウスゴ、スノキ、ウスノキ等）もよく群生し、紅葉の主役級だ。ウラシマツツジがある山では、さらに華やかさが増す。なお、高さ1m以上になる木の紅葉は、ウラジロナナカマド（P.79）、ナナカマド（P.78）、ダケカンバ（P.56）、ミネカエデ（P.96）が中心だ。

チングルマ 🔴🔴　バラ科の小低木。小型の羽状複葉が一面赤く紅葉して見事。秋は風車のような実も熟す。立山（2400m）10月上

ウラシマツツジ 🔴　ツツジ科の小低木。地際から出る葉が深紅〜赤色に紅葉し、とても鮮やか。木曽駒ヶ岳（2600m）10月上

クロマメノキ 🔴🔴🟡　ツツジ科の小低木。1–2cmの葉が赤く紅葉し、日陰の黄色とのグラデーションも美しい。大雪山（1600m）9月下

スノキ 🔴🔴🟡　ツツジ科の低木。ウスノキ（P.137）そっくりでくすんだ赤〜橙色の紅葉。黒い実は食べられる。立山（2000m）10月上

クロウスゴ 🔴🔴🟡　ツツジ科の小低木。2–3cmの葉が赤〜黄に紅葉する。秋に熟す黒い実は食べられる。塩見岳（2400m）10月上

ハナヒリノキ ●● ツツジ科の小低木。紅葉は赤系だが、緑色が抜けにくく、紫〜暗い赤色が多い。磐梯山（1500m）10月中

ミヤマホツツジ ●●● ツツジ科の小低木。日なたは赤みをおびてきれい。ホツツジ（P.132）より小型。谷川岳（1800m）9月下

シラタマノキ ●●● ツツジ科の小低木。常緑樹だが、時に古い葉が赤く紅葉する。白い実との対比がきれい。立山（2400m）10月上

ミヤマニガイチゴ ●●● バラ科の小低木。低地のニガイチゴ（P.66）より葉が長く、より鮮やかな赤色。蔵王（1200m）10月中

ミヤマヤナギ ● ヤナギ科の低木。高山のヤナギの定番で、紅葉は鮮やかな黄色で、幼木はまれに赤くなる。蔵王（1600m）10月中

ゴゼンタチバナ ●● ミズキ科の多年草。4枚の葉がくすんだ橙〜赤系に紅葉するが、地味。赤い実もなる。立山（2000m）10月上

シナノオトギリ ●●● オトギリソウ科の多年草。オトギリソウ類は種類が多く、赤系の紅葉が鮮やか。木曽駒ヶ岳（2700m）10月上

イワカガミ ●● イワウメ科の多年草。光沢の強い常緑性の葉が紫色に染まる。古い葉は赤く紅葉する。木曽駒ヶ岳（2700m）10月上

シソ科 ムラサキシキブ属
ムラサキシキブ 🟡

紫式部　*Callicarpa japonica*
低木／高2-7m／対生

秋に鮮やかな紫色の果実をつけることが名の由来で、紅葉と同時に見られる。紅葉はやや淡い黄色で、西日が当たるとよく映える。まれにピンク色をおびる個体もある。雑木林によく見られる低木で、細い幹を複数出した樹形になる。分 北-沖。低地-山地の林。時に公園。数 ★★ 類「紫式部」の名でよく庭木にされるのはコムラサキ（下）という別種で、葉や樹高が小さく、紅葉は淡い黄色で目立たない。ムラサキシキブによく似たヤブムラサキ（下）は、葉やガクにふわふわした毛が多い。

神奈川県秦野市(150m) 12月中

ややピンク色をおびた紅葉と果実。
山梨県道志村(1000m) 10月下

◀葉先は長くのびる

葉はややひし形状で、鋸歯がほぼ全体にある

冬芽は白っぽい毛をかぶり特徴的

80%

さわってもふわふわしない▶

70%

さわるとふわふわ▶

コムラサキの果実と黄葉(10月)

コムラサキ 🟡

小紫　*C. dichotoma*　別名コシキブ
同科同属。緑色が抜けにくく黄葉は目立たない。葉の先半分に鋸歯がある。果実は密集。本-九。湿地。庭。数 ★★

ヤブムラサキ 🟡

薮紫　*C. mollis*　同科同属。紅葉は淡い黄色。ムラサキシキブと混生し、葉の両面やガクに星状毛が密生する。本-九。低地-山地。数 ★★

140

モクセイ科 レンギョウ属
レンギョウ類 ●●●

連翹　*Forsythia* spp.
低木 / 高1–3m / 対生

シナレンギョウ。神奈川県 植栽(150m) 11月下

春先に黄花が目立つ花木。秋は紅葉し始めに紫色をよくおび、次第に橙～くすんだ赤色になる。葉裏の緑色（葉緑素）が抜けにくいので、紫色の葉が長く残り、赤、橙、日陰の黄、緑色の葉と入り交じることも多く、カラフルに見える。緑色がきれいに抜けると鮮やかな紅葉になる。中国原産のシナレンギョウ（葉が細長い）、レンギョウ（まれ。葉は丸みが強い）、朝鮮原産のチョウセンレンギョウ（葉はやや広い）の主に3種があり、雑種も植えられる。分 公園、庭、街路、生垣。数 ★★

黄と赤に紅葉したシナレンギョウ。
茨城県 植栽(5m)11月下

チョウセンレンギョウの紅葉。葉がやや広く、角張った鋸歯が目立つ。
山口県 植栽(50m) 11月下

▶日陰の葉は黄色

3枚ともシナレンギョウの紅葉

70%

▲先の方に鋸歯がある

70%

裏

▶紫色がこい葉は、裏面に葉緑素がまだ残っている

141

アオダモ

モクセイ科 トネリコ属 ●●●

青梻　*Fraxinus lanuginosa*
小高木 / 高5–12m / 対生　別名コバノトネリコ

野球のバットに使われる木として知られ、近年は庭木にもされる。紅葉はくすんだ橙～赤色で、華やかさはなく、赤茶色に見えることも多い。日当たりがよい場所は赤みが強く、そこそこ見映えがし、日陰では全体が黄色くなる。秋は翼のある果実が茶色く熟す。名は、枝を水につけると青く染まるため。樹皮は白くなめらか。分 北-九。冷涼な山地の主に谷沿い。時に庭。数 ★★　似 暖地にはよく似たマルバアオダモが分布し、葉の鋸歯が目立たず、基部の小葉が丸いことがちがい。紅葉は同様。

広島県安芸太田町 三段峡(500m) 10月下

マルバアオダモ。三重県御在所岳(600m) 10月下

マルバアオダモの枝を折ってコップの水につけると、数分で透き通った水色に染まった。アオダモも同様になる (岐阜 10月)

葉は羽状複葉で、側小葉は2–3対と少ないことが特徴

◀ふちに細かい鋸歯が並ぶ

70%

70%

◀日陰の葉は黄葉する

☆葉裏に毛が多い個体から、ほとんどない個体まである

モクセイ科 トネリコ属
シオジ 🟡 地味

塩地　*Fraxinus spaethiana*
高木 / 高 15-30m / 対生

渓谷のサワグルミ林などに生える。紅葉は淡い黄色だが、他の木が紅葉・落葉する頃も緑色の葉をつけた個体をよく見る。🈸関東-九。冷涼な山地の谷沿い。数★ 似中部地方以北にはよく似たヤチダモが分布し、小葉の基部に毛のかたまりがあり、黄葉するが目立たない。

秋も緑色の葉をつけたシオジ。広島県冠山(900m) 11月上

大型の羽状複葉。側小葉は2-4対

栃木県日光市(700m) 11月上

40%

▲小葉に柄はなく、毛もない。ヤチダモは有毛

▼真冬に残っていた幼木の葉。地際ほど葉が残ることが多い

70%

モクセイ科 イボタノキ属
イボタノキ 🔴🟠🟡 地味

疣取の木　*Ligustrum obtusifolium*
低木 / 高 1-3m / 対生

紅葉はしないか紫色をおびる程度だが、まれに鮮やかな赤〜橙に色づく。秋は果実も青黒く熟す。🈸北-九。低地-山地。時に庭、公園。数★★

広島県八幡湿原(800m) 10月下

果実
(兵庫 2月)

▶紫色をおびた葉
(葉が広く先がとがるキヨズミイボタの型)

143

モチノキ科 モチノキ属
アオハダ 🟡 きれい

青膚、青肌　*Ilex macropoda*
小高木／高5-12m／束-互生

雑木林内に広く点在する木。紅葉はすんだ淡い黄色で、上品な美しさがある。華やかさはないが、レモンイエローの黄葉がよく残り、林内を明るくするような存在感がある。短い枝（短枝）に、3-5枚前後の葉が束になってつく（束生）ことが特徴で、見慣れるとよい見分けポイントになる。よくのびた枝（長枝）では、葉は交互につく（互生）。雌株には短枝に径約8mmの果実がつき、紅葉前から赤く色づき、落葉後も残る。分 北-九。低地-山地の林。時に庭、公園。数★★

山梨県清里(1300m) 10月下／果実 東京 9月中

新潟県魚津市(400m) 11月上

▼葉脈のあみ目がくぼんで目立つ

80%

葉は広いだ円形

葉脈は裏面に浮き出る▼

◀葉は狭いだ円形で、葉脈はあまり目立たない

80%

やや褐色化した葉▶

裏 80%

ウメモドキ 🟡 地味

梅擬　*Ilex serrata*　同科同属
低木／高2-5m／互-束生

アオハダに似て雌株は赤い実がつき目立つ。紅葉は淡い黄色で目立たず、落葉しやすい。本-九。庭木。数★★

ウコギ科 ハリギリ属
ハリギリ 🟡 地味

針桐　*Kalopanax septemlobus*
高木／高10–25m／束–互生　別名センノキ

カエデに似るがまったく別の仲間で、植えられることはほぼない。紅葉は淡い黄色で、緑色が抜け切らない場合や、すぐ茶色くなることが多くて地味。分 北–九。山地–低地。数 ★

20%
葉は7–9つに裂け、径12–25cmと大きい

50%
葉をちぎるとウコギ科の香りがある（若葉は山菜）

◀ふちに細かい鋸歯が並ぶ

葉は2回羽状複葉と呼ばれる形で大型。これはその一部分▶

紅葉▲
50%
幹や葉軸にトゲが出る▶

黄葉▲

50%
◀紅葉し始めの葉。葉が重なっていた部分は緑色

山梨県瑞牆山(1600m) 10月中

ウコギ科 タラノキ属
タラノキ 🟠🟠🟠

楤の木　*Aralia elata*
低木／高2–7m／互生

山菜の王様と呼ばれる木。紅葉は赤〜橙色または黄色で、時に鮮やか。紅葉し始めは紫色にくすみやすく、しばしば多色が交じる。分 北–九。低地–山地の明るい場所。畑。数 ★★

山梨県大月市(600m) 10月下

145

ウコギ科 コシアブラ属
コシアブラ きれい

瀧油　*Chengiopanax sciadophylloides*
小高木 / 高 5–15m / 束–互生　別名ゴンゼツ

岐阜県下呂市 御嶽山（1800m）10月下

秋の木々の中でも、特に個性的な紅葉が本種。クリーム色のような淡い黄色に黄葉し、すき通った色合いが美しい。木全体が白っぽく見えるので、遠くからでもコシアブラとわかる。日なたではレモンイエローぐらいの黄色にもなり（左写真）、日陰ではほとんど白色に近い黄葉も見られる（下写真）。樹皮は白くなめらかで、幹が直立して縦長の樹形になる。春の新芽は山菜になり、秋には小さな果実が熟す。分 北–九。冷涼な山地に多いが、暖地の低山にも生え、尾根を好む。数 ★

50%

▼果実。黒く熟すが高い枝につき目立たない。岐阜県白川村（1500m）10月中

葉は掌状複葉で、5枚の小葉が手のひら状に集まり1枚の葉をつくる

葉が似たトチノキ（P.108）と異なり、小葉に柄がある

ほぼ白色になった　幼木。石川県白山市（1600m）10月中

146

ウコギ科 タカノツメ属
タカノツメ 🟡 きれい

鷹の爪　*Gamblea innovans*
小高木／高3–12m／束–互生　別名イモノキ

コシアブラ（左頁）に似た木で、葉が3枚セットであることがちがい。名は、とがった冬芽の形がタカの爪に似るため。紅葉はすんだ黄色で、特に日なたでは色鮮やかで美しい。日陰では色がうすく、コシアブラと似た色になることもある。紅葉した葉（特に落ち葉）は綿菓子や焼き芋のような甘い香りを放つことがあり、別名の「芋の木」の由来ともいわれる。紅葉した葉が香る例は、カツラ（P.30）やフウ（P.35）、カエデ類など多くの木で見られる。分 北–九。低地–山地。尾根や岩場。数 ★

広島県安芸太田町 三段峡（500m）10月下

やや褐色化し始めた日陰の個体。
山口県柳井市（200m）11月下

葉は三出複葉で、3枚の小葉で1枚の葉をつくる

60%

◀低い鋸歯がある

35%

ヤマウコギ 🟡 地味

山五加木 *Eleutherococcus spinosus* 別名ウコギ　同科ウコギ属の低木。小葉5枚の掌状複葉。紅葉は淡い黄～黄緑色で目立たない。本–九の低地–山地。数★

35%

▼冬芽。コシアブラの冬芽も似ている

100%

147

ガマズミ科 ガマズミ属
ガマズミ 🔴🟠🟡

莢蒾　*Viburnum dilatatum*
低木／高1–4m／対生

ガマズミ類は身近な雑木林によく生える低木の代表種で、中でもガマズミは普通種。葉の形はほぼ円形が典型だが、だ円形やゆがんだ形もあり、変異が多い。紅葉は橙〜淡い赤色をおびることが多く、しばしば1枚の葉に複数の色が入り交じってにぎやか。ただ、茶色や黒っぽい色ににごることも多いので、特別きれいな印象はない。むしろ、秋に熟す赤い果実の方が鮮やかで目立つ。ガマズミ類の果実は酸味が強いが食べられる。分 北–九。低地–山地の明るい林。時に庭、公園。数 ★★★

若木。東京都千代田区 北の丸公園(20m) 12月上

神奈川県秦野市(200m) 12月上

▶裏は有毛でさわるとざらつく

70%

▲比較的きれいに紅葉した若木の葉

◀日陰では黄葉する

70%

▶鋸歯はあまりとがらないことが多い

▲葉脈に沿って色が変わることも多い

148

ガマズミ科 ガマズミ属
ミヤマガマズミ 🟠🟠🟡
深山莢蒾　*V. wrightii*　低木/対生
紅葉は深紅色が多く、ガマズミ（左頁）より赤みが強くきれい。
分 北-九。低地-山地。数 ★★

広島県廿日市市(800m) 10月中

コバノガマズミ 🟠🟠🟡
小葉の莢蒾　*V. erosum*　低木/対生
ガマズミの葉を細くした印象で、紅葉は淡い赤〜橙色。分 本-九。低地-山地。数 ★★

山口県柳井市(200m) 11月下

オトコヨウゾメ 🟠🟡
男ようぞめ　*V. phlebotrichum*　低木/対生
ピンク〜深紅色に紅葉し、日陰では淡い黄色が多い。分 本-九。低地-山地。まれに庭。数 ★

広島県八幡湿原(700m) 10月下

ガマズミより鋸歯が角張り、葉先も長くのびる▼

◀これは傷んで色がくすんだ葉

70%

◀表面は毛がなくすべすべ

▶表面をさわると毛があり、ふわっとする

日陰で色づき始めた葉▼

70%

線形の托葉がある▶

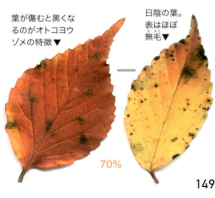

葉が傷むと黒くなるのがオトコヨウゾメの特徴▼

日陰の葉。表はほぼ無毛▼

70%

ガマズミ科 ガマズミ属
オオカメノキ ●●● きれい

大亀の木　*Viburnum furcatum*
低木／高2-6m／対生　別名ムシカリ

富山県立山町 美女平天空ロード(2000m) 10月上

まるで大きな亀の甲羅のような丸い葉が特徴。紅葉し始めるのは比較的早く、最初は暗い赤紫色に色づき、緑色が抜けるにつれて深紅〜紅色や、ややくすんだ赤橙色になり美しい。秋の登山道では、ヤマブドウ（P.36）やハウチワカエデ（P.92）とともに、赤系の紅葉が目立つ大型の葉である。日陰では木全体が黄葉する個体もある。別名のムシカリ（虫狩）は、葉を虫にかじられることが多いためといわれる。紅葉が見頃を迎える前に、赤〜黒色の果実も熟す。分北-九。山地-高山。数★★

半日陰で黄〜橙色に色づいた葉。
岐阜県三方岩岳(1600m) 10月中

葉はほぼ円形
〜ハート形で
径10-20cm

基部がハート形▲
に食いこむ

70%

オオデマリの紅葉 (11月)

オオデマリ ●●●
大手鞠　*V. plicatum* var. *plicatum* f. *plicatum*
同科同属のヤブデマリの園芸種。低木。葉は円形で径5-10cm、紅葉はややくすんだ赤〜橙色。花は白色でアジサイに似る。庭、公園。数★

150

ガマズミ科 ガマズミ属
ヤマシグレ ●●●
山時雨 *Viburnum urceolatum*
低木/高0.2–2m/対生

知名度が低く個体数も少ない木だが、林内でも深紅〜黒ずんだ赤やピンク色に紅葉し、渋い美しさがある。秋は果実も赤や黒色に熟す。分 本–九。山地–高山の林や岩場。数 ★

広島県廿日市市(500m) 11月上

ガマズミ科 ガマズミ属
カンボク ●●● 地味
肝木 *Viburnum opulus*
小高木/高2–6m/対生

カエデに似た葉で、紅葉は橙色系だがにごった色が多く、華やかさはない。分 北・本。冷涼な湿地の周辺。装飾花が丸く咲く品種テマリカンボクが時に庭や公園に植えられる。数 ★

広島県八幡湿原(800m) 10月下

▶高山では丈が小型化し、品種ミヤマシグレと呼ばれる。愛媛県石鎚山(1600m)10月中

葉の広狭は変異がある

90%

◀カンボクの果実。すんだ赤色で美しく、落葉後も残りよく目立つ(広島 10月下)

◀鋸歯は大ぶりで不ぞろい

70%

葉はやや不規則に3つに裂ける

151

スイカズラ科 タニウツギ属
ニシキウツギ ●●●

二色空木　*Weigela decora*
低木 / 高1-5m / 対生

兵庫県三田市 植栽(150m) 12月上

登山道や庭で出会える木。紅葉の基本は黄色だが、日当たりのよい若木などは赤〜橙色をおび、時に蛍光色のようなピンク色にもなる。初夏に咲く花は紅白2色。秋は果実が茶色く熟し、枝に通年残ることがタニウツギ属の特徴。分 本-九。山地の明るい場所。時に庭、公園。数★ 似 同属には、北日本に多いタニウツギ（下）、ウコンウツギ、キバナウツギ、西日本に多いヤブウツギ、各地で庭木にされるハコネウツギやオオベニウツギなど多種類があり見分けにくい。紅葉は概して地味で黄色が多い。

タニウツギ。新潟県奥只見湖
　　　　(900m) 11月上

☆葉裏は主脈上に毛が密生する

70%

▶ニシキウツギの果実

60%

ニシキウツギより葉が大きく、裏面全体に毛が密生する

タニウツギ ●

谷空木　*Weigela hortensis*
同科同属。紅葉は黄色。花はピンク色。北-本。日本海側の山地。公園、庭、砂防樹。数★★

152

スイカズラ科 ツクバネウツギ属
ツクバネウツギ ●●●

衝羽根空木 *Abelia spathulata*
低木 / 高1–2m / 対生

紅葉は黄色か、橙～赤色をおびる。秋はプロペラ形の果実も熟す。分 本–九。山地–低地の明るい林。数★ 似 同属のコツクバネウツギ、オオツクバネウツギの紅葉も同様。

80%

葉は小型で円形に近く、長さ3–6cm程度と小型

☆コツクバネウツギは鋸歯が少ないか時にない。オオツクバネウツギは葉柄に毛が生える

コツクバネウツギの黄葉。島根県安来市(50m) 12月中

アベリアの紅葉と果実。広島県 植栽(400m)12月中

アベリア ●●

別名ハナツクバネウツギ、ハナゾノツクバネウツギ
Abelia x grandiflora
同科同属の中国原産種から作られた園芸種。半常緑樹で、冬を越す葉は紫色をおび、古い葉はまっ赤に紅葉する。庭、公園、街路。数★★

世界三大紅葉樹

紅葉コラム 10

誰が言い出したのか、世界三大紅葉樹はニシキギ、スズランノキ、ニッサボクだとか。ニッサボク（ヌマミズキ科）は中国原産で、植物園などで見かける珍しい木だ。米国原産のスズランノキも珍しいが、ニッサボクとともに透明感のある赤色は確かに美しい。

では、筆者が考える日本三大紅葉樹は何か？ 暖地ならイロハモミジ、ハゼノキ、ドウダンツツジでいいだろう。寒地ならナナカマド、ヤマウルシ、ハウチワカエデかオオモミジあたりか。カラフルなウラジロナナカマド、ツタウルシやツタも絶品だし、シラキ、マルバノキ、メグスリノキも個性的。黄葉なら中国原産だがイチョウが断トツで、クロモジもはずせない。

ニッサボク ●● 卵形の葉が明るい朱赤～橙色に色づき美しい(広島市植物公園 11月上)

スズランノキ P.136

ニシキギ P.42

153

さくいん

太字は写真掲載種、細字は別名や文中紹介種

🍁 ア

アオイ科	111–112
アオギリ	111
アオシダレ	90
アオダモ	142
アオハダ	144
アオモジ	23
アカイタヤ	104
アカシデ	54
アカネ科	40, 116
アカバナトチノキ	108
アカバメギ	28
アカメガシワ	45
アカヤシオ	133
アキグミ	59
アキニレ	50
アケビ (科)	40
アケボノスギ	18
アケボノツツジ	133
アサ科	62–63
アサノハカエデ	95
アジサイ	118
アジサイ科	118–121
アズキナシ	71
アズサ	55
アブラギリ	45
アブラチャン	25
アブラツツジ	131
アベマキ	52
アベリア	153
アマヅル	37
アメリカザイフリボク	70
アメリカヅタ	38
アメリカハナノキ	102
アメリカフウ	34
アメリカフウロ	87
アメリカスズカケノキ	29
アメリカヤマボウシ	122
アメリカリョウブ	129
アワブキ (科)	29

🍁 イ

イイギリ	46
イタドリ	87
イタビ	63
イタヤカエデ	104
イタヤメイゲツ	93
イタリアポプラ	47
イチョウ (科)	16
イトザクラ	75
イヌコリヤナギ	48
イヌザクラ	75
イヌザンショウ	110
イヌシデ	54
イヌビワ	63
イヌブナ	49
イネ科	87
イボタノキ	143
イモノキ	147
イロハカエデ	88
イロハモミジ	88
イワウメ科	139
イワカガミ	139
イワガラミ	120

🍁 ウ

ウコギ	147
ウコギ科	116, 145–147
ウコンウツギ	152
ウシコロシ	70
ウスゲクロモジ	24
ウスノキ	137
ウダイカンバ	57
ウツギ	121
ウノハナ	121
ウメ	65
ウメモドキ	144
ウラシマツツジ	138
ウラジロナナカマド	79
ウラジロノキ	71
ウリカエデ	101
ウリノキ	124

ウリハダカエデ ・・・・・・・・・・・・・・・ 98
ウルシ科 ・・・・・・・・・・・・・・・ 82–87
ウワミズザクラ ・・・・・・・・・・・・・ 76

🍁 エ

エゴノキ ・・・・・・・・・・・・・・・・・・・ 128
エゴノキ科 ・・・・・・・・・・・ 59, 128
エゾエノキ ・・・・・・・・・・・・・・・・・ 62
エゾヤマザクラ ・・・・・・・・・・・・・・ 74
エドヒガン ・・・・・・・・・・・・・ 72, 75
エノキ ・・・・・・・・・・・・・・・・・・・・・ 62
エビヅル ・・・・・・・・・・・・・・・・・・・ 37
エルム ・・・・・・・・・・・・・・・・・・・・・ 60
エンコウカエデ ・・・・・・・・・・・・・ 104
エンジュ ・・・・・・・・・・・・・・・・・・・ 80

🍁 オ

オオアブラギリ ・・・・・・・・・・・・・・ 45
オオイタヤメイゲツ ・・・・・・・・・・ 94
オオウラジロノキ ・・・・・・・・・・・ 77
オオカメノキ ・・・・・・・・・・・・・ 150
オオキツネヤナギ ・・・・・・・・・・・ 48
オオシマザクラ ・・・・・・・・・・・・・・ 72
オオツクバネウツギ ・・・・・・・・・153
オオデマリ ・・・・・・・・・・・・・・・ 150
オオナラ ・・・・・・・・・・・・・・・・・・・ 51
オオバアサガラ ・・・・・・・・・・・・・ 59
オオバクロモジ ・・・・・・・・・・・・・ 24
オオバベニガシワ ・・・・・・・・・・・ 91
オオバボダイジュ ・・・・・・・・・・・112
オオバミネカエデ ・・・・・・・・・・・ 97
オオベニウツギ ・・・・・・・・・・・・・152
オオモミジ ・・・・・・・・・・・・・・・・・ 89
オオヤマザクラ ・・・・・・・・・・・・・ 74
オカメナンテン ・・・・・・・・・・・・・117
オガラバナ ・・・・・・・・・・・・・・・・・ 95
オキシデンドラム属 ・・・・・・・・ 136
オタフクナンテン ・・・・・・・・・・・ 117
オトギリソウ科 ・・・・・・・ 117, 139
オトコヨウゾメ ・・・・・・・・・・・・ 149
オニイタヤ ・・・・・・・・・・・・・・・ 104
オニグルミ ・・・・・・・・・・・・・・・・・ 58
オニツツジ ・・・・・・・・・・・・・・・・・132
オニモミジ ・・・・・・・・・・・・・・・・・103

オノエヤナギ ・・・・・・・・・・・・・・・ 48
お香の木 ・・・・・・・・・・・・・・・・・・・ 30

🍁 カ

カイノキ ・・・・・・・・・・・・・・・・・・・ 82
カエデ属 ・・・・・・・・・・・・・ 88–107
カエデドコロ ・・・・・・・・・・・・・・・ 40
カキ ・・・・・・・・・・・・・・・・・・・・・・・125
カキノキ (科) ・・・・・・・・・・・ 125
ガクアジサイ ・・・・・・・・・・・・・・・118
ガクウツギ ・・・・・・・・・・・・・・・ 120
カクミノスノキ ・・・・・・・・・・・・・137
カクレミノ ・・・・・・・・・・・・・・・ 116
カジイチゴ ・・・・・・・・・・・・・・・・・ 67
カジカエデ ・・・・・・・・・・・・・・・ 103
カジノキ ・・・・・・・・・・・・・・・・・・・ 64
カシワ ・・・・・・・・・・・・・・・ 53, 65
カシワバアジサイ ・・・・・・・・・・・ 119
カスミザクラ ・・・・・・・・・・・・・・・ 73
カツラ (科) ・・・・・・・・・・・・・・ 30
カナクギノキ ・・・・・・・・・・・・・・・ 23
カナメモチ ・・・・・・・・・・・・・・・・・ 91
カバノキ科 ・・・・・・・・・・・・ 54–59
ガマズミ ・・・・・・・・・・・・・・・・・ 148
ガマズミ科 ・・・・・・・・・116, 148–151
カマツカ ・・・・・・・・・・・・・・・・・・・ 70
カラコギカエデ ・・・・・・・・・・・・・ 101
カラスザンショウ ・・・・・・・・・・ 110
カラマツ ・・・・・・・・・・・・・・・・・・・ 17
カワヤナギ ・・・・・・・・・・・・・・・・・ 48
カンボク ・・・・・・・・・・・・・・・・・ 151

🍁 キ

キイチゴ属 ・・・・・・・・・66–67, 139
キツネヤナギ類 ・・・・・・・・・・・・・ 48
キバナウツギ ・・・・・・・・・・・・・・・152
キブシ (科) ・・・・・・・・・・・・・ 113
ギョウジャノミズ ・・・・・・・・・・・ 37
キョウチクトウ科 ・・・・・・・・・・・ 117
キヨズミイボタ ・・・・・・・・・・・・ 143
キリ ・・・・・・・・・・・・・・・・・・・・・・・ 59
キンポウゲ科 ・・・・・・・・・・・・・・・ 40

🍁 ク

クサイチゴ ・・・・・・・・・・・・・・・・・ 67

クズ・・・・・・・・・・・・・・・・・・・ 81
クスノキ・・・・・・・・・・・・・・ 116
クスノキ科・・・・・ 23–27, 91, 116
クチナシ・・・・・・・・・・・・・・ 116
クヌギ・・・・・・・・・・・・・・・・・ 52
クマイチゴ・・・・・・・・・・・・・ 67
クマシデ・・・・・・・・・・・・・・・ 55
クマノミズキ・・・・・・・・・・ 124
グミ科・・・・・・・・・・・・・・・・・ 59
クリ・・・・・・・・・・・・・・・・・・・ 53
クルミ科・・・・・・・・・・・・・・・ 58
クロウスゴ・・・・・・・・・・・・ 138
クロブナ・・・・・・・・・・・・・・・ 49
クロマツ・・・・・・・・・・・・・・・ 19
クロマメノキ・・・・・・・・・・ 138
クロモジ・・・・・・・・・・・・・・・ 24
クワ科・・・・・・・・・・・・ 63–65
クワ類・・・・・・・・・・・・・・・・・ 65

🍁 ケ
ケクロモジ・・・・・・・・・・・・・ 24
ケムリノキ・・・・・・・・・・・・・ 87
ケヤキ・・・・・・・・・・・・・・・・・ 61

🍁 コ
コアジサイ・・・・・・・・・・・・ 118
コアブラツツジ・・・・・・・・・131
コウゾ（類）・・・・・・・・・・・・ 64
コウヤミズキ・・・・・・・・・・・ 32
コガクウツギ・・・・・・・・・・ 120
ゴガツイチゴ・・・・・・・・・・・ 66
コクサギ・・・・・・・・・・・・・・・111
コクワ・・・・・・・・・・・・・・・・・127
コゴメウツギ・・・・・・・・・・・ 58
コゴメバナ・・・・・・・・・・・・・ 69
ゴサイバ・・・・・・・・・・・・・・・ 45
コシアブラ　・・・・・・・・・・ 146
コシキブ・・・・・・・・・・・・・・・140
ゴゼンタチバナ・・・・・・・・ 139
コツクバネウツギ・・・・・・・ 153
コトリトマラズ　・・・・・・・・ 28
コナシ・・・・・・・・・・・・・・・・・ 68
コナツツバキ・・・・・・・・・・・127
コナラ・・・・・・・・・・・・・・・・・ 50

コノテガシワ・・・・・・・・・・・ 19
コハウチワカエデ・・・・・・・ 93
コバノガマズミ・・・・・・・・ 149
コバノズイナ・・・・・・・・・・・ 31
コバノトネリコ・・・・・・・・・142
コバノミツバツツジ・・・・・ 135
コブシ・・・・・・・・・・・・・・・・・ 20
コマユミ・・・・・・・・・・・・・・・ 42
コミネカエデ・・・・・・・・・・・ 97
コムラサキ・・・・・・・・・・・・ 140
ゴヨウツツジ・・・・・・・・・・・133
コリンゴ・・・・・・・・・・・・・・・ 68
コルククヌギ・・・・・・・・・・・ 52
ゴンズイ・・・・・・・・・・・・・・ 114
ゴンスケハゼ・・・・・・・・・・・137
ゴンゼツ・・・・・・・・・・・・・・・146
コンテリギ・・・・・・・・・・・・・ 120

🍁 サ
ザイフリボク・・・・・・・・・・・ 70
サクラ・・・・・・・・・・・・・・・・・ 72
サクラ属・・・・・・・・・・ 72–75
サトウカエデ・・・・・・・・・・ 103
サネカズラ・・・・・・・・・・・・ 117
サビタ・・・・・・・・・・・・・・・・・119
サラサドウダン・・・・・・・・ 131
サルスベリ・・・・・・・・・・・・ 115
サルトリイバラ（科）・・・・・・ 40
サルナシ・・・・・・・・・・・・・・ 127
サワグルミ・・・・・・・・・・・・・ 58
サワシデ・・・・・・・・・・・・・・・ 55
サワシバ・・・・・・・・・・・・・・・ 55
サンカクヅル・・・・・・・・・・・ 37
サンゴジュ・・・・・・・・・・・・ 117
サンシュユ・・・・・・・・・・・・ 123
サンショウ・・・・・・・・・・・・ 110

🍁 シ
シウリザクラ・・・・・・・・・・・ 76
シオジ・・・・・・・・・・・・・・・・ 143
シソ科・・・・・・・・・・・・・・・・ 140
シダレザクラ・・・・・・・・・・・ 75
シダレモミジ・・・・・・・・・ 90, 91
シダレヤナギ・・・・・・・・・・・ 48

シデザクラ ・・・・・・・・・・・・・・・ 70
シデ属・・・・・・・・・・・・・・・ 54–55
シナノオトギリ ・・・・・・・・・ 139
シナノキ ・・・・・・・・・・・・・・・ 112
シナマンサク ・・・・・・・・・・・・・ 33
シナレンギョウ ・・・・・・・・・・ 141
自然薯・・・・・・・・・・・・・・・・・・ 40
シマサルスベリ ・・・・・・・・・ 115
シモクレン ・・・・・・・・・・・・・・ 20
シャラノキ ・・・・・・・・・・・・・ 126
シャリンバイ ・・・・・・・・・・・ 116
ジューンベリー ・・・・・・・・・・ 70
シラカバ・・・・・・・・・・・・・・・・ 57
シラカンバ ・・・・・・・・・・・・・・ 57
シラキ・・・・・・・・・・・・・・・・・・ 43
シラタマノキ ・・・・・・・・・・・ 139
シロザクラ ・・・・・・・・・・・・・・ 75
シロドウダン ・・・・・・・・・・・ 131
シロブナ ・・・・・・・・・・・・・・・・ 49
シロモジ・・・・・・・・・・・・ 26, 27
シロヤシオ・・・・・・・・・・・・・ 133
シロヤブキ ・・・・・・・・・・・・・・ 69

ス
スイカズラ科 ・・・・・・・・ 152–153
ズイナ科・・・・・・・・・・・・・・・・ 31
スギ ・・・・・・・・・・・・・・・ 18, 19
スズカケノキ ・・・・・・・・・・・・ 29
スズカケノキ類 (科)・・・・・・・・ 29
スズランノキ ・・・・・・・ 136, 153
スノキ・・・・・・・・・・・・・・・・・ 138
スノキ属・・・・・・・・・・・ 136–138
ズミ・・・・・・・・・・・・・・・・・・・ 68
スモークトゥリー ・・・・・・・・・ 87

セ
セイヨウザイフリボク ・・・・・・ 70
セイヨウトチノキ ・・・・・・・・ 108
セイヨウハコヤナギ ・・・・・・・・ 47
センニンソウ ・・・・・・・・・・・・ 40
センノキ・・・・・・・・・・・・・・・ 145
ゼンマイ (科) ・・・・・・・・・・・ 87

ソ
ソウシカンバ ・・・・・・・・・・・・ 56

ソシンロウバイ ・・・・・・・・・・ 22
ソネ ・・・・・・・・・・・・・・・・・・ 54
ソメイヨシノ ・・・・・・・・・・・・ 72
ソロ・・・・・・・・・・・・・・・・・・ 54

タ
タイリンキンシバイ ・・・・・・・ 117
タイワンクロモジ ・・・・・・・・・ 23
タイワンフウ ・・・・・・・・・・・・ 35
タカオモミジ ・・・・・・・・・・・・ 88
タカトウダイ ・・・・・・・・・・・・ 87
タカネザクラ ・・・・・・・・・・・・ 74
タカネナナカマド ・・・・・・・・・ 78
タカノツメ ・・・・・・・・・・・・ 147
ダケカンバ・・・・・・・・・・・・・・ 56
タチヤナギ・・・・・・・・・・・・・・ 48
タデ科・・・・・・・・・・・・・・・・・ 87
タニウツギ ・・・・・・・・・・・・ 152
タブノキ ・・・・・・・・・・・・・・・ 91
タムシバ ・・・・・・・・・・・・・・・ 21
タラノキ ・・・・・・・・・・・・・・ 145
ダンコウバイ ・・・・・・・・・・・・ 26

チ
チガヤ・・・・・・・・・・・・・・・・・ 87
チシマザクラ ・・・・・・・・・・・・ 74
チシャ ・・・・・・・・・・・・・・・ 128
チチブドウダン ・・・・・・・・・ 131
チドリノキ ・・・・・・・・・・・・ 107
チョウジャノキ ・・・・・・・・・ 106
チョウセンレンギョウ ・・・・・ 141
チングルマ ・・・・・・・・・・・・ 138

ツ
ツキ ・・・・・・・・・・・・・・・・・・ 61
ツクバネウツギ ・・・・・・・・・ 153
ツタ ・・・・・・・・・・・・・・・・・・ 39
ツタウルシ ・・・・・・・・・・・・・ 85
ツツジ科・・・・・・・ 117, 130–139
ツノハシバミ ・・・・・・・・・・・・ 58
ツバキ科・・・・・・・・・・・ 126–127
ツリバナ ・・・・・・・・・・・・・・・ 42
ツルアジサイ ・・・・・・・・・・・ 120
ツルウメモドキ ・・・・・・・・・・ 41
ツルバミ ・・・・・・・・・・・・・・・ 52

157

❉ テ

テイカカズラ	117
テツカエデ	99
テマリカンボク	151

❉ ト

トウカエデ	100
トウゴクミツバツツジ	135
トウダイグサ科	43–45, 87, 91
ドウダンツツジ	130
トサミズキ	32
トチノキ	108
トネリコ属	142–143
トネリコバノカエデ	105
ドロノキ	46
ドロヤナギ	46
どんぐり	50–52

❉ ナ

ナガバモミジイチゴ	66
ナツヅタ	39
ナツツバキ	126
ナツハゼ	137
ナナカマド	78
ナラ	50–51
ナラ属	50–53
ナラガシワ	50
ナンキンハゼ	44
ナンゴクミネカエデ	96
ナンテン	117
ナンテンギリ	46

❉ ニ

ニオイコブシ	21
ニガイチゴ	66
ニシキウツギ	152
ニシキギ	42, 153
ニシキギ科	41–42
ニセアカシア	80
ニッサボク	153
ニレ	60
ニレ科	60–61
ニレケヤキ	60

❉ ヌ

ヌマスギ	19
ヌマスノキ	136
ヌマミズキ科	153
ヌルデ	86

❉ ネ

ネグンドカエデ	105
ネジキ	135
ネムノキ	59

❉ ノ

ノイバラ	77
ノウゼンカズラ (科)	40
ノダフジ	80
ノブドウ	38
ノムラモミジ	89, 91
ノリウツギ	119

❉ ハ

バイカツツジ	134
ハウチワカエデ	92
ハカリノメ	71
ハギ類	65, 81
ハクウンボク	128
ハグマノキ	87
ハクモクレン	20
ハコネウツギ	152
ハコヤナギ	47
ハジカミ	110
ハシバミ	58
ハゼノキ	83
ハナカエデ	102
ハナズオウ	31
ハナゾノックバネウツギ	153
ハナツクバネウツギ	153
ハナノキ	102
ハナヒリノキ	139
ハナミズキ	122
ハハソ	50
ハマナシ	77
ハマナス	77
ハマボウ	112
バラ科	66–79, 91, 116, 138–139
バラ属	77
ハリエンジュ	80
ハリギリ	145

ハルニレ ・・・・・・・・・・・・・・・・・・ 60
ハンノキ ・・・・・・・・・・・・・・・・・・ 59

✿ ヒ

ヒイラギナンテン ・・・・・・・・・ 117
ヒトツバカエデ ・・・・・・・・・・・ 107
ヒナウチワカエデ ・・・・・・・・・・・ 94
ビナンカズラ ・・・・・・・・・・・・・・ 117
ヒノキ ・・・・・・・・・・・・・・・・・・・・ 19
ヒノキ科 ・・・・・・・・・・・・・ 18–19
ヒペリカム・ヒドコート ・・・・・・・ 117
ヒメウツギ ・・・・・・・・・・・・・・ 121
ヒメコウゾ ・・・・・・・・・・・・・・・・ 64
ヒメシャラ ・・・・・・・・・・・・・・ 127
ヒメヤシャブシ ・・・・・・・・・・・・ 59
ヒメリョウブ ・・・・・・・・・・・・・・ 31
ヒャクジツコウ ・・・・・・・・・・・・ 115
ヒュウガミズキ ・・・・・・・・・・・・ 32
ヒラドツツジ ・・・・・・・・・・・・・ 117

✿ フ

フウ ・・・・・・・・・・・・・・・・・・・・ 35
フウ科 ・・・・・・・・・・・・・・・ 34–35
フウリンツツジ ・・・・・・・・・・・・ 131
フウロソウ科 ・・・・・・・・・・・・・ 87
フサザクラ (科) ・・・・・・・・・・・ 28
フジ ・・・・・・・・・・・・・・・・・・・・ 80
フシノキ ・・・・・・・・・・・・・・・・ 86
ブドウ科 ・・・・・・・・・・・・・ 36–39
ブナ ・・・・・・・・・・・・・・・・・・・・ 49
ブナ科 ・・・・・・・・・・・・・・・ 49–53
プラタナス ・・・・・・・・・・・・・・ 29
ブルーベリー ・・・・・・・・・・・・・ 136

✿ ヘ

ヘクソカズラ ・・・・・・・・・・・・・ 40
ベニカエデ ・・・・・・・・・・・・・・ 102
ベニシダレ ・・・・・・・・・・・ 90–91
ベニドウダン ・・・・・・・・・・・・ 131
ベニバスモモ ・・・・・・・・・・・・ 91
ベニバナトチノキ ・・・・・・・・・ 108
ベニマンサク ・・・・・・・・・・・・・ 31
ヘンリーヅタ ・・・・・・・・・・・・・ 38

✿ ホ

ホオノキ ・・・・・・・・・・・・・・・・ 21

ホザキカエデ ・・・・・・・・・・・・・ 95
ホソエウリハダ ・・・・・・・・・・・ 99
ホソエカエデ ・・・・・・・・・・・・・ 99
ホソバイヌビワ ・・・・・・・・・・・ 63
ボダイジュ ・・・・・・・・・・・・・・ 112
ホツツジ ・・・・・・・・・・・・・・ 132
ポプラ類 ・・・・・・・・・・・・・・・・ 47
ホルトノキ (科) ・・・・・・・・・ 116
ホンミツバツツジ ・・・・・・・・・ 135

✿ マ

マカバ ・・・・・・・・・・・・・・・・・・ 57
マグワ ・・・・・・・・・・・・・・・・・・ 65
マタタビ科 (マタタビ) ・・・・ 127
マツ科 ・・・・・・・・・・・・・・ 17, 19
マツハダ ・・・・・・・・・・・・・・・ 133
マツブサ科 ・・・・・・・・・・・・・ 117
マメ科 ・・・・・・・・・・・ 59, 80–81
マユミ ・・・・・・・・・・・・・・・・・・ 41
マルバアオダモ ・・・・・・・・・・・ 142
マルバウツギ ・・・・・・・・・・・・ 121
マルバノキ ・・・・・・・・・・・・・・ 31
マルバハギ ・・・・・・・・・ 65, 81
マルバマンサク ・・・・・・・・・・・ 33
マロニエ ・・・・・・・・・・・・・・・ 108
マンサク ・・・・・・・・・・・・・・・ 33
マンサク科 ・・・・・・・・・・・ 31–33

✿ ミ

ミカン科 ・・・・・・・・・・・・ 110–111
ミズキ ・・・・・・・・・・・・・・・・ 124
ミズキ科 ・・・・・・・・ 122–124, 139
ミズナラ ・・・・・・・・・・・・ 51, 77
ミズメ ・・・・・・・・・・・・・・・・・・ 55
ミソハギ科 ・・・・・・・・・・・・・ 115
ミツデカエデ ・・・・・・・・・・・・ 105
ミツバアケビ ・・・・・・・・・・・・・ 40
ミツバウツギ (科) ・・・・・・・ 114
ミツバツツジ類 ・・・・・・・・・・・ 135
ミネカエデ ・・・・・・・・・・・・・・ 96
ミネザクラ ・・・・・・・・・・・・・・ 74
ミヤギノハギ ・・・・・・・・・・・・・ 81
ミヤマガマズミ ・・・・・・・・・・・ 149
ミヤマシグレ ・・・・・・・・・・・・ 151

159

ミヤマツツジ・・・・・・・・・・・133
ミヤマナラ・・・・・・・・・・・・51
ミヤマニガイチゴ・・・・・・・139
ミヤマハンノキ・・・・・・・・59
ミヤマホツツジ・・・・・・・・139
ミヤマヤナギ・・・・・・・・・139

🍁 ム
ムクエノキ・・・・・・・・・・63
ムクノキ・・・・・・・・・・・63
ムクロジ・・・・・・・・・・・109
ムクロジ科・・・・・・・88-109
ムシカリ・・・・・・・・・・・150
ムラサキシキブ・・・・・・・140
ムラサキヤシオ・・・・・・・133

🍁 メ
メイゲツカエデ・・・・・・・92
メウリノキ・・・・・・・・・101
メギ・・・・・・・・・・・・・28
メギ科・・・・・・・・・28, 117
メグスリノキ・・・・・・・・106
メタセコイア・・・・・・・・18

🍁 モ
モクセイ科・・・・・・・141-143
モクレン科・・・・・・・20-22
モチツツジ・・・・・・・・・134
モチノキ科・・・・・・・・・144
モミジ・・・・・・・・・88-90
モミジイチゴ・・・・・・66, 77
モミジウリノキ・・・・・・・124
モミジバスズカケノキ・・・・29
モミジバフウ・・・・・・・・34

🍁 ヤ
ヤシオツツジ・・・・・・・・133
ヤシャブシ・・・・・・・・・59
ヤチダモ・・・・・・・・・・143
ヤナギ科・・・・・46-48, 139
ヤナギ類・・・・・・・・・・48
ヤブデマリ・・・・・・・・・150

ヤブムラサキ・・・・・・・・140
ヤマアジサイ・・・・・・・・118
ヤマウコギ・・・・・・・・・147
ヤマウルシ・・・・・・・・・84
ヤマグワ・・・・・・・・・・65
ヤマコウバシ・・・・・・・・25
ヤマノイモ (科)・・・・・・・40
ヤマザクラ・・・・・・・・・73
ヤマシグレ・・・・・・・・・151
ヤマシバカエデ・・・・・・・107
ヤマツツジ・・・・・・・・・134
ヤマナラシ・・・・・・・・・47
ヤマハギ・・・・・・・・・・81
ヤマハゼ・・・・・・・・・1, 82
ヤマブキ・・・・・・・・・・69
ヤマフジ・・・・・・・・・・80
ヤマブドウ・・・・・・・・・36
ヤマボウシ・・・・・・・・・123
ヤマモミジ・・・・・・・・・90
ヤマヤナギ・・・・・・・・・48

🍁 ユ
ユキカズラ・・・・・・・・・120
ユキヤナギ・・・・・・・・・69
ユズリハ (科)・・・・・・・116
ユリノキ・・・・・・・・・・22

🍁 ヨ
ヨシノザクラ・・・・・・・・72

🍁 ラ行
ラクウショウ・・・・・・・・19
ラクヨウショウ・・・・・・・17
ランシンボク・・・・・・・・82
リュウキュウハゼ・・・・・・83
リョウブ (科)・・・・・・・129
レッドロビン・・・・・・・・91
レンギョウ類 (レンギョウ)・・141
レンゲツツジ・・・・・・・・132
ロウノキ・・・・・・・・・・83
ロウバイ (科)・・・・・・・22

【参考資料】茂木透・高橋秀男他『山溪ハンディ図鑑3-5 樹に咲く花』、林将之『山溪ハンディ図鑑14 樹木の葉』、平野隆久・片桐啓子『森の休日1 拾てて楽しむ 紅葉と落ち葉』(以上、山と溪谷社)、日本植物生理学会「みんなの広場 植物 Q&A」〔https://jspp.org/hiroba/q_and_a/〕、大谷俊二『化学と生物、Vol. 23, No. 11 紅葉の化学』(日本農芸化学会)、嶋田幸久・萱原正嗣『植物の体の中では何が起こっているのか』(ベレ出版)、林将之『紅葉ハンドブック』、多田多恵子他『生きもの好きの自然ガイド このは No.5 魅せる紅葉』(以上、文一総合出版)、亀田龍吉『紅葉のきれいな樹木図鑑』(家の光協会)、長谷川哲雄『野の花さんぽ図鑑』(築地書館)